FORSCHUNGSBERICHTE DES LANDES NORDRHEIN-WESTFALEN

Nr. 2012

Herausgegeben im Auftrage des Ministerpräsidenten Heinz Kühn
von Staatssekretär Professor Dr. h. c. Dr. E. h. Leo Brandt

Prof. Dr. sc. techn. Fritz Schultz-Grunow
Dr.-Ing. Sigmar Wittig

Lehrstuhl für Allgemeine Mechanik
an der Rhein.-Westf. Techn. Hochschule Aachen

Untersuchung von zeitlichen Reaktionsabläufen in Gasen

Springer Fachmedien Wiesbaden GmbH 1969

ISBN 978-3-663-19942-7   ISBN 978-3-663-20287-5 (eBook)
DOI 10.1007/978-3-663-20287-5

Verlags-Nr. 012012

© 1969 by Springer Fachmedien Wiesbaden
Ursprünglich erschienen bei Westdeutscher Verlag GmbH, Köln und Opladen 1969.

Inhalt

1. Einleitung 5
   1.1 Ziel der Arbeit 5
   1.2 Gegenüberstellung einiger Methoden zur Untersuchung schneller chemischer Reaktionen in der Gasphase 5
2. Grundlagen der chemischen Kinetik und Mechanismen von Reaktionen in der Gasphase 7
   2.1 Definition der Kinetik und des Mechanismus 7
   2.2 Reaktionsgeschwindigkeit und Reaktionsordnung 7
3. Theorie des Stoßrohres und Arbeitsdiagramme 8
   3.1 Ermittlung der charakteristischen Daten des Stoßwellenrohres ... 8
   3.1.1 Perfekte Gase 8
   3.1.2 Reale Gase und thermisch vollkommene Gase 10
   3.2 Das Stoßwellenrohr 11
   3.2.1 Der Zustand hinter der reflektierten Stoßwelle 12
   3.3 Das chemische Stoßwellenrohr 13
   3.3.1 Allgemeine Beschreibung 13
   3.3.2 Wahl der Abmessungen 13
   3.3.3 Berechnung der Abkühlungsgeschwindigkeit 15
   3.3.4 Vermeidung störender sekundärer Stöße durch Anpassung der Mediengrenze 16
   3.3.5 Bestimmung der Aufheizzeit 16
4. Versuchsaufbau 18
   4.1 Versuchsanordnung 18
   4.2 Öffnungsmechanismus für Membranen 19
   4.2.1 Bestimmung der Öffnungszeiten von dickeren Kunststoffmembranen ... 19
   4.2.2 Bestimmung der Öffnungszeiten für ein Doppelmembran-Zwischendruck-Kammersystem 21
   4.2.3 Der Öffnungsmechanismus beim Versuchsablauf im chemischen Stoßwellenrohr 22
   4.3 Das Analysenverfahren 22
   4.4 Gasmischung und Gasprobenentnahme 23
5. Versuchsdurchführung und Meßergebnisse 24
   5.1 Vorversuche mit Methan 24
   5.2 Die thermische Zersetzung von n-Butan 24
   5.2.1 Meßergebnisse 25
   5.2.2 Diskussion der Ergebnisse 28
6. Zusammenfassung 34
7. Literaturverzeichnis 35
8. Abbildungsanhang 39

Bezeichnungen

A	Faktor zur Erfassung der Druckabhängigkeit einer Reaktion
a	Schallgeschwindigkeit; Abkürzung für Kombination von Geschwindigkeitskonstanten
B	Faktor zur Erfassung der Druckabhängigkeit einer Reaktion
b	Abkürzung für Kombination von Geschwindigkeitskonstanten
c	Abkürzung für Kombination von Geschwindigkeitskonstanten
c_p	Spezifische Wärme bei konstantem Druck
c_v	Spezifische Wärme bei konstantem Volumen
D	Abkürzung für Kombination von Geschwindigkeitskonstanten $D = ac - b^2$
d	Entfernung der ruhenden Kontaktfläche vom Endflansch
E_a	Aktivierungsenergie
e	Spezifische innere Energie
h	Spezifische Enthalpie
k	Geschwindigkeitskonstante
L	Rohrlänge
M	Machzahl
$\tilde{M}$	Molekulargewicht
m	Molzahl
n	Reaktionsordnung
P, p	Druck
R	Gaskonstante
RG	Reaktionsgeschwindigkeit
r	Druckanstieg in mm Hg/min
S	Spezifische Entropie
T	Temperatur in °K
t	Zeit
u, v, w	Strömungsgeschwindigkeit
v	Volumen
x	Wegkoordinate; Molenbruch; Abnahme der Konzentration $x = [A]_0 - [A]$
y	Wegkoordinate
[ ]	Konzentration
γ	Verhältnis der spezifischen Wärmen
ξ, η	Dichteverhältnis
ϱ	Dichte
τ	Halbwertszeit; Zeit, die vergeht, bis die reflektierte Verdünnungswelle das Ende des Verdünnungsfächers erreicht

1. Einleitung

Ziel der Arbeit

Die theoretische Klärung des Verbrennungsablaufes, des Selbstzündungsverhaltens, die Berechnung von Wirkungsgraden, Druckverlusten, Strömungseinflüssen und des Wärmeübergangs in Brennkammern für Strahltriebwerke, Raketen und in konventionellen Brennkammern sowie selbst für Otto-Motoren scheitert immer wieder daran, daß die Mechanismen und die kinetischen Daten der beteiligten Reaktionen nur unvollständig bekannt sind. So stützen sich z. B. die Erklärungen für Sprünge in der Zündverzugszeit von Gemischen höherer Aliphate mit Luft bei Variation der Temperaturen weitgehend nur auf die Annahme, daß in den entsprechenden Bereichen inhibierende Komponenten bzw. Änderungen im Reaktionsablauf auftreten [1], [2].

Neben diesen mehr verbrennungstechnisch wichtigen Fragen ist es die technische Chemie, die die Klärung ihrer Reaktionsabläufe fordert. Der große Bereich der Acetylen-Chemie und die Chemie der Olefine sind bekannte Beispiele [3], [4]. Sofern Ergebnisse vorliegen, handelt es sich weitgehend um Untersuchungen bei relativ niedrigen Drücken und Temperaturen. Die Technik verlangt aber die Kenntnis der kinetischen Daten unter realen Bedingungen.

Die vorliegende Arbeit beschäftigt sich mit den Reaktionsabläufen in aliphatischen Kohlenwasserstoffen, insbesondere mit der thermischen Zersetzung von n-Butan. Die Untersuchung der Pyrolyse von n-Butan ist insofern von großem Interesse, als Butan der erste Isomeren bildende Kohlenwasserstoff der Paraffin-Reihe ist. Stellt die Klärung der kinetischen Daten – z. B. der Frequenzfaktoren und der Aktivierungsenergien – der Pyrolyse des n-Butans schon einen wichtigen Beitrag dar, so lassen Vergleiche mit iso-Butan Aufschlüsse über den Einfluß der Molekülkonfiguration auf das Verhalten der Bindungen zu. Weitere wichtige Fragen stellen sich nach den Reaktionsprodukten, ihrer Abhängigkeit von Druck und Temperatur und den diesen Reaktionsverlauf beschreibenden Reaktionsmechanismen [5].

Da die meisten der angedeuteten Reaktionen bei hohen Temperaturen und Drücken ablaufen, war der Aufbau einer geeigneten Versuchsapparatur notwendig. Hier bot sich das von GLICK, SQUIRE und HERTZBERG [6] entwickelte chemische Stoßwellenrohr an. Die Reaktion sollte aber in sehr weitem Druck- und Temperaturbereich untersucht werden, so daß gegenüber dem Aufbau von HERTZBERG et al. wesentliche Erweiterungen und Verbesserungen notwendig waren. Insbesondere wurde ein neuartiger Öffnungsmechanismus für die Membranen entwickelt, ohne den ein Übergang zu hohen Drücken bei Verwendung von unterschiedlichen Treibgasgemischen nicht möglich gewesen wäre. Dadurch wurde die Leistungsfähigkeit des chemischen Stoßwellenrohres gegenüber anderen Verfahren wesentlich erweitert.

1.2 Gegenüberstellung einiger Methoden zur Untersuchung schneller chemischer Reaktionen in der Gasphase

Um die Vorteile der aufgebauten Anlage beurteilen zu können, aber auch um evtl. Schwierigkeiten zu erkennen, sollen hier einige der gebräuchlichsten anderen Methoden zur Untersuchung schneller chemischer Reaktionen in der Gasphase erwähnt werden [7], [8], [9].

Der Vorteil der statischen Methode in Verbindung mit direkten oder indirekten Analysenverfahren – hierzu gehören u. a. manometrische, spektroskopische, interferometrische und photometrische Methoden – liegt in erster Linie darin, daß sich relativ hohe Temperaturen bis ca. 1500°K für längere Zeiten aufrechterhalten lassen. Selbst Temperaturen bis zu 3500°K können noch – allerdings unter erheblichem Aufwand – erreicht werden. Untersuchungen langsam verlaufender Reaktionen und von Gleichgewichten lassen sich auch in großen Druckbereichen noch gut durchführen. Dagegen ist das Verfahren für schnelle Reaktionen – und um diese handelt es sich bei dem angedeuteten Problemkreis – ungeeignet. Hier sind ihm die Strömungsverfahren – allerdings auch nur bis zu gewissen Grenzen – überlegen. Die Beherrschung der hohen Temperaturen in Verbindung mit höheren Drücken wird jedoch immer schwieriger. Außerdem werden die Wand- und Grenzschichteneinflüsse, die schon bei der statischen Methode eine Rolle spielten, immer größer.

Zur Lösung der oben aufgezeigten Problemstellung wurden bisher häufig Flammen- und Lichtbogenuntersuchungen [10], [11] herangezogen. Lassen sich mit beiden Methoden auch praktisch beliebige Temperaturen erreichen, so ist die Klärung des Druckeinflusses schon sehr erschwert. Hinzu kommt, daß von einer homogenen Aufheizung nicht gesprochen werden kann. Besonders im Lichtbogen treten große Temperaturgradienten auf, die eine geschlossene Auswertung unmöglich machen. Auch bei Flammen handelt es sich meistens um dreidimensionale Formen. Läßt sich diese Schwierigkeit noch umgehen, so spielen dennoch die kälteren Außenzonen, die Transportvorgänge, der Einfluß des Oxydators und die damit verbundene Komplizierung der Reaktionen eine so entscheidende Rolle, daß die Ermittlung der kinetischen Daten der Elementarreaktionen kaum möglich ist.

Neben diesen gebräuchlichsten Verfahren sind noch die verschiedenen Arten von Verdichtungsapparaturen, die Photolyse, das von Kantrowitz benutzte Pitot-Rohr und einige noch in der Entwicklung befindliche Methoden wie die der gekreuzten Molekularstrahlen zu erwähnen. Auch diese Verfahren zeigen Komplikationen, die die Auswertung sehr erschweren.

Schon das einfache Stoßwellenrohr, dessen Wirkungsweise in Kap. 3.2.1 erläutert wird, hat für chemische Untersuchungen gegenüber diesen Verfahren erhebliche Vorteile [12], wie sehr plötzlicher Temperaturanstieg, homogenes Aufheizen jedes beliebigen Gases, Erreichen hoher Temperaturen, weitgehende Vermeidung von Wandeinflüssen u. a. Allerdings stehen diesen Vorteilen beim konventionellen Stoßwellenrohr auch einige Nachteile gegenüber, die später erörtert werden sollen. In der vorliegenden Arbeit wird – wie bereits erwähnt – die Erweiterung eines von GLICK, SQUIRE und HERTZBERG entwickelten modifizierten Stoßwellenrohres behandelt. Mit seiner Hilfe konnten die wesentlichen Nachteile des konventionellen Stoßrohres im Hinblick auf die geplanten Untersuchungen der thermischen Zersetzung des n-Butans beseitigt werden. Für eine Beurteilung müssen jedoch zunächst die wesentlichen Grundlagen der Reaktionskinetik und der Stoßwellentheorie erörtert werden.

2. Grundlagen der chemischen Kinetik und Mechanismen von Reaktionen in der Gasphase

2.1 Definition der Kinetik und des Mechanismus

Zwei Fragen beherrschen neben der Untersuchung der eigentlichen elementaren Schritte d. h. dem Aufbau eines klaren stereochemischen Bildes innerhalb der an einer Reaktion beteiligten Moleküle und Atome, die chemische Kinetik:
Die erste Frage stellt sich nach den aus den Anfangsprodukten sich ergebenden Endprodukten und den zu ihnen führenden Zwischenprodukten, denn nur selten verläuft der Reaktionsweg gemäß der Brutto-Umsatzgleichung direkt von den Ausgangsstoffen zu den Endprodukten. Als Beispiel sei hier die Methan-Sauerstoff-Reaktion erwähnt. Während die Brutto-Umsatzgleichung mit $CH_4 + 2\,O_2 \rightarrow CO_2 + 2\,H_2O$ von recht übersichtlichem Charakter ist, konnte bisher eine Fülle von Reaktionsschritten, Parallelreaktionen und Reaktionspartnern nachgewiesen werden. Verschiedene Vorschläge für ein Reaktionsschema finden sich in der Literatur [2]. Gleiches gilt für die Knallgasreaktion ($2\,H_2 + O_2 \rightarrow 2\,H_2O$), die noch keineswegs vollständig geklärt ist. Allerdings ist man sich heute doch weitgehend einig, daß das Reaktionsschema einer Kettenreaktion gehorcht. Diese Klärung aller gleichzeitig oder nacheinander ablaufenden individuellen Elementarprozesse, an denen Molekeln, Atome, Radikale und Ionen teilnehmen – also der Reaktionsmechanismen – ist zunächst eine qualitative Aufgabe. Sie ist um so mehr von großer Bedeutung, als die meisten postulierten Reaktionsmechanismen bisher Modelle sind, die durch experimentelle Untersuchungen geklärt werden müssen.
Die zweite Frage, die mit der Klärung des Reaktionsmechanismus eng verbunden ist, dient der Ermittlung der Bildungs- und Zerfallsraten, der Aktivierungsenergie, der vorexponentiellen Faktoren (Frequenzfaktoren), der thermodynamischen Daten usw. Damit ist der zeitliche Ablauf chemischer Reaktionen beschrieben.
Die schon klassischen Beispiele der Jod-Wasserstoff- und der Brom-Wasserstoff-Reaktionen zeigen, wie diese beiden Fragestellungen miteinander verknüpft sind und einander ergänzen.

2.2 Reaktionsgeschwindigkeit und Reaktionsordnung*

Um eine Reaktion beschreiben zu können, wird die Aufstellung und – da die Reaktionsgeschwindigkeit

$$\mathrm{RG} = k(T) \prod_i [\text{Ausgangspartner}]^{n_i} \qquad (2.1)$$

im allgemeinen nicht direkt gemessen werden kann – Integration des Zeitgesetzes notwendig. Voraussetzung hierfür ist die Kenntnis der Reaktionsordnung

$$n = \sum_i n_i \qquad (2.2)$$

die sich mit Hilfe verschiedener Verfahren aus Konzentrations- und Zeitmessungen bei definierten Temperaturen finden läßt. Hier seien die Halbwertszeitmethode und das

---

* Für eingehende Betrachtungen sei auf die Literatur verwiesen [13], [14], [15], [16], [17], [18], [19], [20], [21], [22].

Verfahren nach Noyes genannt. Schwierigkeiten bei der Bestimmung der Reaktionsordnung und der Zeitgleichung ergeben sich bei den schon erwähnten komplexen Reaktionen, z. B. Parallel-, Folge- und Kettenreaktionen. Hier ist es oft nicht möglich, die Ordnung der Gesamtreaktion zu ermitteln. Weiterhin sind Druck- und Temperaturabhängigkeiten zu beachten, die zusätzliche Aussagen über den Charakter der Reaktion liefern können.

Gelingt es, die aufgezeigten Probleme zu lösen, so können die Parameter des Arrheniusansatzes

$$k = k_0 \cdot e^{-E_a/RT} \tag{2.3}$$

mit k_0 = Frequenzfaktor und E_a = Aktivierungsenergie z. B. mit Hilfe graphischer Methoden bestimmt und das Zeitverhalten der Reaktion beschrieben werden. Der hier dargelegte empirische Weg mußte in der vorliegenden Arbeit gegangen werden, da für die in Frage kommenden Reaktionen die Lösung der bekannten theoretischen und halbempirischen Ansätze z. B. auf quantenmechanischer Basis zur Zeit noch nicht möglich ist.

3. Theorie des Stoßrohres und Arbeitsdiagramme

Aus den bisherigen Betrachtungen geht hervor, daß zur Bestimmung der kinetischen Daten die Messung der Reaktionstemperaturen der Reaktionszeiten und die Kenntnis der Konzentrationen notwendig ist. Wie sich diese Größen im Stoßwellenrohr bestimmen lassen, soll im folgenden dargelegt werden [9], [24], [25], [26].

3.1 Ermittlung der charakteristischen Daten des Stoßwellenrohres

3.1.1 Perfekte Gase

Für die hier vorliegende eindimensionale Strömung durch eine Stoßwelle hat man bei Vernachlässigung von Grenzschicht-, Reibungs- und Wärmeleitungseinflüssen folgende Erhaltungssätze:

1. die Kontinuitätsgleichung, die sich im stationären Fall zu

$$\frac{d(\varrho u)}{dx} = 0 \tag{3.1}$$

vereinfacht.

2. der Impulssatz im stationären Fall:

$$\frac{d}{dx}(\varrho u^2 + p) = 0 \tag{3.2}$$

3. der Energiesatz im stationären Fall:

$$\frac{d}{dx}\left[\varrho u\left(e + \frac{u^2}{2}\right) + pu\right] = 0 \tag{3.3}$$

Für das mit dem Stoß bewegte Koordinatensystem (Abb. 3.1b) liefert die Integration

$$\varrho_1 v_1 = \varrho_2 v_2 \tag{3.1.1}$$

$$P_1 + \varrho_1 v_1^2 = P_2 + \varrho_2 v_2^2 \tag{3.2.1}$$

$$h_1 + \frac{v_1^2}{2} = h_2 + \frac{v_2^2}{2} \tag{3.3.1}$$

mit $h = e + \dfrac{P}{\varrho}$.

Für ein perfektes Gas, d. h. konstante spezifische Wärmen und Gültigkeit der thermischen Zustandsgleichung, gilt:

$$\frac{P}{\varrho} = RT \tag{3.4}$$

$$h = \left(\frac{\gamma}{\gamma - 1}\right) RT \tag{3.5}$$

$$\gamma = \frac{c_p}{c_v} \tag{3.6}$$

$$c_p - c_v = R \tag{3.7}$$

Im Stoßwellenrohr läuft die Stoßwelle in ein ruhendes Gas, weshalb die Geschwindigkeit $u_1 = 0$ ist. Ferner soll das Verhältnis Stoßgeschwindigkeit w_s zur Schallgeschwindigkeit a_1 im ruhenden Gas vor der Stoßwelle eingeführt werden, welches als Stoßmachzahl

$$M_s = \frac{w_s}{a_1} \tag{3.8}$$

bezeichnet wird mit

$$a_1 = \sqrt{\gamma RT_1} \tag{3.9}$$

Hiermit werden nach den Gl. (3.1) bis (3.7) die folgenden Druck-, Dichte- und Temperaturverhältnisse sowie die Geschwindigkeit hinter dem Stoß erhalten.

$$\frac{P_2}{P_1} = \frac{2\gamma M_s^2 - (\gamma - 1)}{\gamma + 1} \tag{3.10}$$

$$\frac{\varrho_2}{\varrho_1} = \frac{(\gamma + 1) M_s^2}{(\gamma - 1) M_s^2 + 2} \tag{3.11}$$

$$\frac{T_2}{T_1} = \frac{\left(\gamma M_s^2 - \dfrac{\gamma - 1}{2}\right)\left(\dfrac{\gamma - 1}{2} M_s^2 + 1\right)}{\left(\dfrac{\gamma + 1}{2}\right)^2 M_s^2} \tag{3.12}$$

$$\frac{u_2}{a_1} = \frac{2}{\gamma + 1}\left(M_s - \frac{1}{M_s}\right) \tag{3.13}$$

3.1.2 Reale Gase und thermisch vollkommene Gase

Für ein reales Gas besteht eine Abhängigkeit der spezifischen Enthalpie und mithin der spezifischen Wärmen von der Temperatur und vom Druck. Außerdem gilt nicht mehr die allgemeine Gasgleichung.

Da bei den vorliegenden Versuchen mit hohen Verdünnungen in Edelgas gearbeitet worden ist, wie es aus noch zu erläuternden anderen Gründen notwendig war, sollen hier nur die Berechnungsmöglichkeiten für ein kalorisch unvollkommenes, thermisch aber vollkommenes Gas wiedergegeben werden [27]. Das heißt, daß die spezifischen Wärmen von der Temperatur T abhängig sind, und daß die allgemeine Gasgleichung (3.4) gilt.

Die Erhaltungssätze (3.1.1), (3.2.1) und (3.3.1) behalten ihre Gültigkeit. Aus ihnen ergibt sich das Verhältnis der spezifischen Enthalpien zu

$$\frac{h_2(T_2)}{h_1(T_1)} = 1 + \frac{v_1^2(\gamma_1 - 1)}{2\gamma_1 \, RT_1}\left[1 - \frac{1}{\left(\frac{\varrho_2}{\varrho_1}\right)^2}\right]$$

Mit der abkürzenden Bezeichnung für das Dichteverhältnis

$$\eta = \frac{\varrho_2}{\varrho_1} \qquad (3.14)$$

und mit Gl. (3.9) wird hieraus

$$\frac{h_2(T_2)}{h_1(T_1)} = 1 + \frac{\gamma_1 - 1}{2} M_s^2 \left(1 - \frac{1}{\eta^2}\right) \qquad (3.15)$$

unter der Voraussetzung, daß T_1 relativ niedrig (Umgebungstemperatur) ist

Weiterhin ergibt sich aus Gl. (3.1) bis (3.9)

$$\frac{P_2}{P_1} = 1 + \gamma M_s^2 \left(1 - \frac{1}{\eta}\right) \qquad (3.16)$$

und

$$\frac{u_2}{a_1} = M_s \left(1 - \frac{1}{\eta}\right) \qquad (3.17)$$

Die Gleichungen (3.15) bis (3.17) müssen iterativ gelöst werden, da das Dichteverhältnis η nicht eliminiert werden kann. Für eine bestimmte Machzahl nimmt man deshalb einen η-Wert an, mit dem das Verhältnis der spezifischen Enthalpie nach Gl. (3.15) errechnet wird. Die zugehörige Temperatur muß aus einer Tabelle [28] entnommen werden. Das Druckverhältnis wird ebenfalls nach Gl. (3.16) berechnet. Mit der Gasgleichung (3.4) wird dann der angenommene η-Wert kontrolliert

$$\eta = \frac{\varrho_2}{\varrho_1} = \frac{P_2}{P_1}\frac{T_1}{T_2}$$

Bei einer Differenz zwischen dem angenommenen und dem errechneten Dichteverhältnis muß die Rechnung mit einer neuen Annahme wiederholt werden.

In der vorliegenden Arbeit wurde zur Lösung ein Rechenprogramm in FORTRAN für den Digitalrechner CD 6400 geschrieben, das die Berechnung der Stoßwellendaten $T_{21} = T_2/T_1$, $P_{21} = P_2/P_1$, $\eta = \varrho_2/\varrho_1$ und u_2/a_1 als Funktion der verschiedenen Machzahlen und beliebigen Gasmischungen gestattet. Auf den größeren Rahmen, in dem das Programm steht, wird noch näher in Kap. 3.2.2 eingegangen.

Die Werte für die spezifischen Wärmen und Enthalpien wurden von der CD 6400 aus den Tabellenwerten ([28], [29]) interpoliert.

3.2 Das Stoßwellenrohr

Das Stoßwellenrohr eignet sich besonders für chemische Untersuchungen, weil plötzlicher Temperaturanstieg, homogenes Aufheizen jedes beliebigen Gases, Erreichen hoher Temperaturen und weitgehende Vermeidung von Wandeinflüssen gewährleistet sind. Bei der speziellen Anordnung des chemischen Stoßwellenrohres [6] kommen noch die Vorteile einer sehr genau definierbaren Zeit, während der das Gas die gewünschte Temperatur T_5 hat (Aufheizzeit), und einer sehr hohen Abkühlungsgeschwindigkeit zum Einfrieren der Reaktion hinzu.

Die Wirkungsweise des einfachen Stoßwellenrohres ist hinreichend bekannt. Zur Verdeutlichung sind jedoch noch einmal die Verhältnisse im t-x-Diagramm der Abb. 3.2 für plötzliches Zerstören der Membran dargestellt.

Die Numerierung der Felder wird auch als Index benutzt, um die in den verschiedenen Gebieten herrschenden Zustandsgleichungen zu unterscheiden: (1) vor, (2) hinter dem einfallenden Stoß, (3) hinter der Kontaktfläche und (4) im ungestörten Treibergas.

In der beim Bersten des Diaphragma sich bildenden Verdünnungswelle wird der Druck P_4 allmählich auf $P_3 = P_2$ abgebaut. Die erste Störung – auch Kopf der Verdünnungswelle genannt – läuft mit der Schallgeschwindigkeit a_4 in den Hochdruckteil, während das Ende des Verdünnungsfächers mit der Absolutgeschwindigkeit $|u_3 - a_3|$ läuft. Da der Kopf der reflektierten Verdünnungswelle im Gebiet (3) mit der Geschwindigkeit $u_3 + a_3$ läuft, braucht zu seiner Bestimmung nur der Schnittpunkt des Kopfes der reflektierten Verdünnungswelle mit dem Ende der einfallenden berechnet zu werden. Die Zeit τ (vgl. Abb. 3.2) ergibt sich für die hier vorliegende adiabatische Expansion unter Verwendung der RIEMANNschen Invarianten

$$\frac{2a}{\gamma - 1} + u = \text{const}$$

$$\tau = \frac{x_4}{a_4}\left(1 + \frac{\gamma_4 - 1}{2} M_3\right)^{\frac{\gamma_4 - 1}{2(\gamma_4 - 1)}} \tag{3.18}$$

mit

x_4 = Länge des Hochdruckteiles

und

$$M_3 = \frac{u_3}{a_3}$$

Beim Experimentieren kommt es insbesondere darauf an, zu einer vorgegebenen Stoßmachzahl das einzustellende Druckverhältnis P_4/P_1 zu berechnen. Es ist

$$\frac{P_4}{P_1} = \frac{P_4}{P_2} \cdot \frac{P_2}{P_1} \tag{3.19}$$

Da aber $P_2 = P_3$ ist, kann mit der Adiabatengleichung die Beziehung

$$\frac{P_4}{P_3} = \left(\frac{a_4}{a_3}\right)^{\frac{2\gamma_4}{\gamma_4 - 1}} = \frac{P_4}{P_2}$$

eingeführt werden, und es wird für thermisch und kalorisch vollkommene Gase

$$\frac{P_4}{P_1} = \frac{2\gamma_1 M_s^2 - (\gamma_1 - 1)}{(\gamma_1 + 1)} \left\{1 + \frac{\gamma_4 - 1}{\gamma_4 + 1} \frac{a_1}{a_4}\left(M_s - \frac{1}{M_s}\right)\right\}^{-\left(\frac{2\gamma_4}{\gamma_4 - 1}\right)} \quad (3.20)$$

und für nur thermisch vollkommenes Gas

$$\frac{P_4}{P_1} = \left[\frac{a_4}{a_4 - \frac{\gamma_4 - 1}{2} a_1 M_s \left(1 - \frac{1}{\eta}\right)}\right]^{\frac{2\gamma_4}{\gamma_4 - 1}} \left[1 + \gamma_1 M_s^2 \left(1 - \frac{1}{\eta}\right)\right] \quad (3.21)$$

3.2.1 Der Zustand hinter der reflektierten Stoßwelle

Hinter dem am Endflansch reflektierten Stoß besteht ein ruhendes, homogenes, heißes und komprimiertes Gas, dessen mit dem Index (5) gekennzeichnete Zustandsgrößen sich mit den Gl. (3.1) bis (3.13) unter der Voraussetzung einer nicht leitenden Rückwand errechnen lassen.

Die Ergebnisse der hier übergangenen Rechnung für ein kalorisch unvollkommenes Gas sind [27]:

$$\frac{h_5}{h_1} = 1 + (\gamma_1 - 1) M_s^2 \frac{(\eta - 1)(\xi - 1)}{(\xi - \eta)} \frac{1}{\eta} \quad (3.22)$$

$$\frac{P_5}{P_1} = 1 + \gamma_1 M_s^2 \frac{(\eta - 1)(\xi - 1)}{(\xi - \eta)} \quad (3.23)$$

$$\frac{W_R}{a_1} = M_s \frac{\eta - 1}{\xi - \eta} \quad (3.24)$$

mit

$$\xi = \frac{\varrho_5}{\varrho_1} = \frac{P_5 T_1}{P_1 T_5} \quad (3.25)$$

und

W_R = Geschwindigkeit des reflektierten Stoßes

Da auch diese Gleichungen nur iterativ zu lösen sind, wurden sie in das schon erwähnte Rechenprogramm einbezogen. Bei der Berechnung werden mit Hilfe eines speziell ausgearbeiteten Nullstellensuchers zunächst das Dichteverhältnis η und daraus die Größen (2) des einfallenden Stoßes berechnet. Die Werte des reflektierten Stoßes (5) werden nach vorhergehender Ermittlung des Dichteverhältnisses ξ mit entsprechend geändertem Nullstellensucher bestimmt.

Eine andere Möglichkeit der programmierten Berechnung der Stoßwellendaten, die hier aber nicht verfolgt werden soll, ist die Ermittlung von T_2 aus der Bedingung, daß $u_5 = 0$ ist.

Eine Auswahl der Ergebnisse der Rechnungen sind in den Abb. 3.3 bis 3.6 für eine Argon-n-Butan-Mischung wiedergegeben. Die Diagramme wurden bei den Versuchen zur Bestimmung der Temperaturen, Dichten und Drücke aus den gemessenen Stoßgeschwindigkeiten benutzt. Außerdem wurden sie zum Zeichnen der t-x-Diagramme herangezogen.

3.3 Das chemische Stoßwellenrohr

3.3.1 Allgemeine Beschreibung

Treten bei einer sehr schnell verlaufenden chemischen Reaktion eine Vielzahl von Komponenten auf, so läßt sich der Konzentrationsverlauf nicht während der Reaktion bestimmen. Deshalb müssen die kinetischen Daten erst aus einer nachträglichen Analyse bestimmt werden. Voraussetzung hierfür ist, daß das Gas vor Erreichen des Gleichgewichtes schnell eingefroren werden kann und daß die Zeit, während der das Gas die hohe Temperatur hat, genau definiert ist.

Während beim konventionellen Stoßrohr die auf die erste Reflexion nachfolgenden Reflexionen des Stoßes an den Endflanschen, durch die das Testgas immer wieder aufgeheizt wird, die Bestimmung der Aufheizzeit stören (vgl. Abb. 3.7), wird diese Schwierigkeit beim chemischen Stoßwellenrohr nach GLICK, SQUIRE und HERTZBERG [6] umgangen (vgl. Abb. 3.8).

An das üblicherweise mit einem Endflansch verschlossene Ende des Hochdruckteils ist ein durch ein etwas stärkeres Diaphragma D_2 abgeteilter evakuierter Kessel angeschlossen. Diese Membran D_2 wird in dem Augenblick durch äußere Einwirkung zerstört, in dem die Front der beim Bersten des ersten Diaphragma D_1 entstandenen Verdünnungswelle sie erreicht. So wird eine neue Verdünnungswelle erzeugt, die wesentlich stärker als die sonst reflektierte ist. Sie läuft in den Niederdruckteil und friert dort das reagierende Gasgemisch ein. Das Treibergas strömt mit Schallgeschwindigkeit vom Hochdruckteil in den Kessel, so daß keine Wellen aus dem Kessel in das Stoßrohr laufen und die vom Stoßrohr in Richtung Kessel laufenden Wellen nicht reflektiert werden.

Wird die Kontaktfläche bzw. Mediengrenze noch entsprechend angepaßt (siehe S. 16), so erhält man das t-x-Diagramm der Abb. 3.8, aus dem hervorgeht, daß das Testgas nur durch den einfallenden (Bereich 2) und reflektierten Stoß (im Bereich 5) aufgeheizt wird. Für viele Reaktionen ist die Aufheizung durch den einfallenden Stoß im Vergleich zu der durch den reflektierten Stoß zu vernachlässigen, wie die Arrhenius-Gleichung und die berechneten Werte von T_2/T_1 und T_5/T_1 zeigen. Daher kann für die Auswertung das schraffierte Gebiet in Abb. 3.9 herangezogen werden.

Für die Berechnung von T_5/T_1, P_5/P_1, ϱ_5/ϱ_1 gelten die Gleichungen (3.22) bis (3.25). Dennoch sind einige zusätzliche Betrachtungen notwendig.

3.3.2 Wahl der Abmessungen

Länge der Aufheizzeit und Abkühlungsgeschwindigkeit hängen neben den thermodynamischen Eigenschaften der Treiber- und Testgasgemische auch von den Abmessungen von Hochdruckteil, Niederdruckteil und Vakuumkessel ab.

Ist der Hochdruckteil z. B. zu kurz, so erreicht die Front der reflektierten Verdünnungswelle die Kontaktfläche vor dem reflektierten Stoß und kühlt einen Teil des Gases frühzeitig ab. Gleiches gilt für einen überlangen Niederdruckteil, wie sich aus Abb. 3.8 ergibt. Hat das Ende des Verdünnungsfächers eine positive Neigung im t-x-Diagramm ($u_2 > a_3$), so darf der Hochdruckteil nicht zu lang sein, da sonst die verstärkte Verdünnungswelle das beim Bersten des ersten Diaphragma entstandene Ende des Verdünnungsfächers nicht vor dem reflektierten Stoß erreicht.

Für vorgegebene Temperaturverhältnisse T_5/T_1 bzw. Machzahlen M_s läßt sich also für bestimmte Gasmischungen ein minimales und maximales Längenverhältnis vom Hoch- zum Niederdruckteil errechnen.

Die Wahl der absoluten Rohrlängen hängt – wie noch im Kapitel 3.3.3 gezeigt wird – von der erforderlichen Abkühlungsgeschwindigkeit ab. Hier möge der Hinweis genügen, daß durch das Auseinanderlaufen des Verdünnungsfächers (vgl. Abb. 3.8) die Verdünnungswelle immer mehr auseinandergezogen wird, was zur Verringerung der Abkühlungsgeschwindigkeit und zu nicht erfaßbaren Nachreaktionen während der Zeit des Einfrierens führt. Aus diesem Grunde dürfen die Rohrlängen nicht zu groß gewählt werden. Andererseits sind gewisse Mindestlängen für eine ausreichende Meßzeit unumgänglich, wie sich ebenfalls aus Abb. 3.8 ergibt.

Für die Berechnung des Kesselvolumens sind besonders zwei Gesichtspunkte maßgebend [6], [30]. Zunächst muß die Endtemperatur des Testgasgemisches nach dem Druckausgleich aber bei noch unterschiedlichen Temperaturen von Treiber- und Testgas so tief liegen, daß keine Nachreaktionen mehr eine Rolle spielen. Weiterhin ist es wünschenswert, daß das gesamte Treibergas in den Kessel strömt, damit aus dem Rohr reine Analysenproben entnommen werden können.

Hierfür läßt sich das Kesselvolumen durch folgende grobe Abschätzungen annähern: Unter der Annahme thermisch und kalorisch vollkommenen Gasverhaltens, isentroper Zustandsänderungen des Treibergases und des aufgeheizten Testgases und mit den Beziehungen für die Entropieänderungen beim Stoß errechnet sich die Endtemperatur (T_E) des Testgases, wenn Hoch- und Niederdruckteil von ihm eingenommen werden wie folgt:

Mit
$$T_E(V_{ND} + V_{HD})^{\gamma_1 - 1} = T_5 V_5^{\gamma_1 - 1} \tag{3.26}$$

in Verbindung mit der Gasgleichung und der Gleichung für die Entropieänderung

$$\frac{T_5}{T_1} = \left(\frac{P_5}{P_1} e^{\Delta S/R}\right)^{\frac{\gamma_1 - 1}{\gamma_1}} \tag{3.27}$$

wird
$$\frac{T_E}{T_1} = \left(\frac{V_{ND}}{V_{ND} + V_{HD}} \cdot e^{\Delta S/R}\right)^{\gamma_1 - 1} \tag{3.28}$$

Der gemeinsame Enddruck (P_E), der sich einstellt, nachdem alle Wellen und Stöße in den Vakuumkessel hineingelaufen sind, beträgt unter der Annahme, daß das ganze Treibergas in den Kessel expandiert ist:

$$\frac{P_E}{P_4} = \left(\frac{V_{HD}}{V_{VK}}\right)^{\gamma_4} \tag{3.29}$$

Dann wird unter Verwendung von Gl. (3.28) und der Gasgleichung für das Testgas:

$$P_E = P_1 \left(\frac{V_{ND}}{V_{ND} + V_{HD}}\right)^{\gamma_1} (e^{\Delta S/R})^{\gamma_1 - 1} \tag{3.30}$$

Hierdurch ergibt sich das erforderliche Kesselvolumen zu:

$$\frac{V_{VK}}{V_{HD}} = \left(\frac{P_4}{P_1}\right)^{1/\gamma_4} \left(\frac{V_{ND} + V_{HD}}{V_{ND}}\right)^{\gamma_1/\gamma_4} (e^{\Delta S/R})^{(1-\gamma_1)/\gamma_4} \tag{3.31}$$

Eine andere Betrachtungsweise geht davon aus, daß nach dem Expansionsvorgang die Temperatur im Kessel $T_{EE} = T_4$ ist und $V_{HD} \ll V_{VK}$ und $P_4 \gg P_{VK}$ (P_{VK} = anfänglicher Druck im Vakuumkessel). Dann gilt:

$$P_{EE} = \frac{V_{HD}}{V_{VK}} P_4 \tag{3.32}$$

Für die Temperatur des eingefrorenen Reaktionsgemisches gilt dann:

$$\frac{T'_E}{T_5} = \left(\frac{P_{EE}}{P_5}\right)^{(\gamma_1-1)/\gamma_1} \tag{3.33}$$

Mit den Gl. (3.27), (3.32) und (3.33) wird:

$$T'_E = T_1 \left(\frac{V_{HD} P_4}{V_{VK} P_1} e^{\Delta S/R}\right)^{(\gamma_1-1)/\gamma_1} \tag{3.34}$$

Da sowohl das Druckverhältnis P_4/P_1 als auch die Entropieänderung stark mit größer werdender Machzahl bzw. Reaktionstemperatur anwachsen, muß das Kesselvolumen hinreichend groß gewählt werden, um Nachreaktionen zu vermeiden, denn die Temperatur $T_{EE} = T_1$ wird erst nach verhältnismäßig langer Zeit erreicht werden.

3.3.3 Berechnung der Abkühlungsgeschwindigkeit

Aus der Gleichung für die Reaktionsgeschwindigkeit

$$\frac{d[x]}{dt} = [\dot{x}](T)$$

läßt sich die Menge je Volumeneinheit der während des Einfrierens durch Nachreaktion veränderten Substanz berechnen zu

$$\Delta[x] = \int_{t_a}^{t_E} [\dot{x}](T)\, dt \tag{3.35}$$

mit t_a Zeitpunkt des Einfrierbeginns und t_E Zeitpunkt des Erreichens von T_E.
Man kann auch schreiben:

$$\Delta[x] = \int_{T_5}^{T_E} \frac{[\dot{x}](T)}{\dot{T}}\, dT \tag{3.36}$$

Wie aus den Gleichungen für $\frac{d[x]}{dt}$ des Kapitels 2 hervorgeht, ist besonders die anfängliche Abkühlungsgeschwindigkeit $\dot{T}_a$ von größter Bedeutung. Der Idealfall einer unendlich großen Abkühlungsgeschwindigkeit ist nicht zu erreichen, da ein Verdünnungsstoß nicht möglich ist. Überschlägig läßt sich die anfängliche Abkühlungsgeschwindigkeit nach POGGI [31] berechnen.
Für eine in ein ruhendes Gas (o) laufende zentrierte Verdünnungswelle gilt:

$$\frac{dT}{dt} = \dot{T} = -4\left(\frac{\gamma-1}{\gamma+1}\right)\frac{a_0 T_0}{L}\left(\frac{T}{T_0}\right)^{\gamma/\gamma-1} \tag{3.37}$$

L = Abstand des Wellenzentrums von der reflektierten Wand.
Betrachtet man das Gebiet hinter der reflektierten Stoßwelle, so sind die Verhältnisse komplexer, da die Verdünnungswelle durch verschiedene Zustandsgebiete (Abb. 3.8) läuft. Für eine Näherungsrechnung kann man aber Gl. (3.34) verwenden, und es ergibt sich mit der Beziehung für die Schallgeschwindigkeit:

$$\dot{T}_a = -4\left(\frac{\gamma_5-1}{\gamma_5+1}\right)\left(\gamma_5 \frac{R}{\tilde{M}}\right)^{1/2} \cdot \frac{T_5^{3/2}}{L} \tag{3.38}$$

mit $L = L_{HD} + L_{ND}$, $\tilde{M}$ Molekulargewicht.

Für Argon im Niederdruckteil und bei einer gesamten Rohrlänge von 3 m erhält man bei einer Reaktionstemperatur von 4000°K für T_a einen Wert von etwa $1,5 \times 10^6$ °K/sec. Bei $T_5 = 1500$°K wird $T_a = 2.1 \times 10^5$ °K/sec.
Diese Abkühlungsgeschwindigkeiten sind im Vergleich zu denen bei sonst üblichen Meßverfahren sehr groß. Während die Abkühlungsgeschwindigkeit aber proportional $T^{3/2}$ ist, wächst die Reaktionsgeschwindigkeit mit $e^{-Ea/RT}$, was dazu führt, daß oberhalb einer Temperaturgrenze T_5 bei vorgegebener Geometrie des Rohres die Abkühlungsgeschwindigkeit zur Vermeidung von Nachreaktionen nicht mehr ausreicht. Bei hohen Aktivierungsenergien, wie sie in vorliegender Arbeit auftreten $\left(> 40 \, \frac{\text{Kcal}}{\text{mol}} \right)$, kann die Temperatur verhältnismäßig hoch sein.

3.3.4 Vermeidung störender sekundärer Stöße durch Anpassung der Mediengrenze

Bisher war angenommen worden (vgl. Abb. 3.8), daß der reflektierte Stoß die Kontaktfläche (Mediengrenze) ohne weitere Reflektionen durchläuft. Das ist aber nur möglich, wenn bestimmte Bedingungen erfüllt sind [32], [33]. In diesem Falle spricht man von angepaßter Mediengrenze (tailored interface). Die Kontaktfläche kommt durch den reflektierten Stoß zum Stillstand, wenn die Geschwindigkeit des reflektierten Stoßes konstant bleibt ($W_{R5} = W_{R6}$) und wenn die Bedingung gilt:

$$\frac{P_5}{P_2} = \frac{P_6}{P_3} \qquad (3.39)$$

Es ist aber $P_2 = P_3$, und so läßt sich z. B. für zwei Gase mit konstanten spezifischen Wärmen mit den Erhaltungsgleichungen (3.1) bis (3.33) folgende Gleichung ableiten [32]:

$$\frac{\tilde{M}_2 c_{v_3} T_3}{\tilde{M}_3 c_{v_2} T_2} = \left(\frac{(\gamma_3 + 1)}{(\gamma_3 - 1)} + \frac{P_2}{P_5} \right) \bigg/ \left(\left(\frac{\gamma_2 + 1}{\gamma_2 - 1} \right) + \frac{P_2}{P_5} \right) \qquad (3.40)$$

In Verbindung mit den Beziehungen für den einfallenden und den reflektierten Stoß [Gl. (3.15), (3.16), (3.23)] bedeutet das aber, daß die Anpassung bei vorgegebener Gaskombination, d. h. bei festgelegtem Schallgeschwindigkeitsverhältnis a_4/a_1, nur bei einem einzigen Druckverhältnis P_4/P_1 möglich ist. Abhilfe kann dadurch geschaffen werden, daß die Temperaturen, z. B. des Treibergases, variiert werden. Ist das nicht möglich, so müssen, wie in vorliegender Arbeit, dem Treibergas oder auch dem Testgas Gase mit unterschiedlichen Schallgeschwindigkeiten zugemischt werden. Da die Kontaktfläche außerdem in der Praxis keine scharfe Trennfläche ist, kann das Druckverhältnis geringfügig von dem für die Anpassung erforderlichen Wert abweichen.
Gerade für das chemische Stoßwellenrohr ist die Anpassung von großer Wichtigkeit, da das auf T_5 aufgeheizte homogene Gasgebiet nicht durch sekundäre Stöße oder Verdünnungswellen vor dem Einfrieren durch die zentrierte Verdünnungswelle gestört werden darf.
Die sicherste Kontrolle, ob eine Anpassung erreicht worden ist, besteht in der Verfolgung des Wellenablaufes mit Hilfe von Drucksonden. Das ist schon deshalb notwendig, weil die Diaphragmen nicht ideal öffnen und dadurch Machzahlabweichungen auftreten.

3.3.5 Bestimmung der Aufheizzeit

Mit den bisher abgeleiteten Beziehungen läßt sich das *t-x*-Diagramm (Abb. 3.8) berechnen und graphisch darstellen. Dabei wird deutlich, daß die entweder berechneten oder graphisch ermittelten Aufheizzeiten eine Funktion der Ortskoordinate sind. Das aber führt zu einer variablen Verteilung der Reaktionsprodukte und des Testgases. Da durch die Probenentnahme eine mittlere Konzentration bestimmt wird, muß eine äquivalente mittlere Zeit gefunden werden, um die kinetischen Daten berechnen zu können [34]. Diese läßt sich durch folgende Überlegung finden (vgl. Abb. 3.9):

$$t = t_0 + \left[\left(\frac{1}{W_R}\right) + \left(\frac{1}{W}\right)\right] y \tag{3.41}$$

Für eine Reaktion erster Ordnung gilt

$$[A_0] - [x] = [A_0] e^{-kt}$$

und es wird

$$\frac{[x]}{[A_0]} = 1 - e^{-kt}$$

Die mittlere Konzentration $[x]$ des Reaktionsproduktes ist dann proportional zu:

$$\frac{1}{d} \int_0^d \left(1 - \exp\left[-k\left(t_0 + \left\{\left(\frac{1}{W_R}\right) + \left(\frac{1}{W}\right)\right\} y\right)\right]\right) dy$$

Nach der Integration wird dann

$$1 - \frac{[x]}{[A]_0} = \frac{\exp(-kt_0) - \exp\left[-k\left(t_0 + \left\{\left(\frac{1}{W_R}\right) + \left(\frac{1}{W}\right)\right\} d\right)\right]}{k\left[\left(\frac{1}{W_R}\right) + \left(\frac{1}{W}\right)\right] d} \tag{3.42}$$

Da die Reaktion kurz vor dem Einfrieren jedoch noch nicht allzuweit fortgeschritten ist – in der vorliegenden Arbeit zwischen 1% und 50% Umsetzung –, und die Aufheizzeit sich entlang der Testsektion nur um einen Faktor unter 2 – hier nur von 1.2 bis 1.8 – verändert, kann mit einer mittleren Zeit gerechnet werden, die der Aufheizzeit eines Moleküls entspricht, das sich in der Mitte des aufgeheizten Gebietes befindet $\left(t_m = \frac{t_0 + t_E}{2}\right)$. Dann wird:

$$1 - \frac{[x]}{[A_0]} = e^{-kt_m} \tag{3.43}$$

Beim Einfrieren wird das Gas expandiert. Dadurch hängt die Zeit, mit der gerechnet werden muß, vom Ort der Probeentnahme, der Menge der entnommenen Probe bzw. dem Volumen des Probenentnahmegefäßes und dem Enddruck P_{EE} ab. Aus diesem Grunde sind unter Umständen Korrekturen von t_m erforderlich, auf die in vorliegendem Fall jedoch meistens verzichtet werden konnte, da – wie oben angedeutet – die Differenz $t_E - t_0$ nicht sehr groß war.

Ein Vorschlag zur weitgehenden Vermeidung der in den Kap. 3.3.4 und 3.3.5 angedeuteten Schwierigkeiten durch Abtrennung eines Testgasvolumens stammt von TSCHUIKOW-ROUX [35]. Hier treten jedoch neue Schwierigkeiten, z. B. bezüglich der Probenentnahme und Mischung auf, so daß auf die Anwendung dieser Technik hier verzichtet wurde.

4. Versuchsaufbau

Nachdem im vorstehenden die theoretischen Grundlagen eingehend erörtert worden sind, soll im folgenden die Versuchsanlage beschrieben werden.

4.1 Versuchsanordnung

Wie aus Abb. 4.1 ersichtlich ist, lehnt sich das aufgebaute chemische Stoßwellenrohr im Prinzip an den ursprünglichen Vorschlag von Glick, Squire und Hertzberg [6] an. Es wurde jedoch eine vollkommen neue Dimensionierung vorgenommen, die den Übergang in hohe Druck- und Temperaturbereiche auch bei Verwendung von Treibergasen mit höherem Molekulargewicht als dem von Wasserstoff und Helium zuläßt.
Das Rohr mit einem Innendurchmesser von 82 mm kann in der Länge stufenweise verändert werden, wobei die maximale Gesamtlänge von Hochdruckteil und Niederdruckteil 9 m beträgt. 3 m des Rohres lassen sich mit 1000 atü belasten, während der Druck im Niederdruckteil 250 atü nicht überschreiten darf. Die Innenwandung des Rohres ist verchromt bei einer sehr geringen mittleren Rauhtiefe $< 2\,\mu$.
Zum Evakuieren werden zwei unabhängige Vakuumanlagen für den Niederdruckteil einerseits und den Hochdruckteil mit dem Expansionskessel andererseits verwendet.
Der Niederdruckteil wird über ein im Endflansch angebrachtes schnell öffnendes und schließendes Ventil, dessen Ventilteller mit dem Endflansch fluchtet, bis auf 10^{-4} Torr evakuiert, bevor mit Inertgas und Testsubstanz gespült wird. Als Vorpumpe dient eine zweistufige Drehschieberpumpe (Gasballastpumpe). Ihre Sauggeschwindigkeit beträgt etwa 10–12 m^3/h über einen Druckbereich von 760 Torr bis 10^{-1} Torr. In Verbindung mit einer Treibdampfpumpe stellt sie ein leistungsfähiges Pumpensystem dar. Die Treibdampfpumpe besitzt in dem hier interessierenden Druckbereich von 10^{-2} bis 10^{-5} ein hohes Saugvermögen von 10^2 l/sec. Die Leckrate der Anlage war mit 10^{-4} Torr l/sec gering. Die Leckrate des Stoßwellenrohres war kleiner als die der zugehörigen Pumpleitungen.
Hochdruckteil und Vakuumkessel werden ebenfalls mit einer Drehschieberpumpe evakuiert. Die Pumpe besitzt eine Sauggeschwindigkeit von 73 m^3/h und kann mit zweistufigem Gasballastventil betrieben werden. Das Endvakuum ohne Gasballast beträgt $2 \cdot 10^{-3}$ Torr.
Das Spülen des Hochdruckteiles mit Inert- und Treibergas brachte keine Veränderungen der Meßergebnisse, so daß im Laufe der Versuche darauf verzichtet werden konnte.
Zur Messung der Stoßwellengeschwindigkeit dienen Drucksonden, die für das chemische Stoßwellenrohr den großen Vorteil haben, daß sich mit ihnen auch die Verdünnungswellen leicht verfolgen lassen. Stimmt man die Sonden in ihrer Ansprechzeit, ihrem Schwingungsverhalten und in ihrer Empfindlichkeit auf die vorliegende Aufgabe ab, so können sie sogar ohne Verstärker direkt an die entsprechenden Zähler und Oszillographen angeschlossen werden.
Durch die umfangreichen Eichmessungen mit den im Institut selbstgebauten Piezo-Drucksonden, über die in [36] berichtet wird, und mit den von der Firma Kistler gelieferten Quarzdruckgebern konnten die günstigsten Sonden zur Messung der Stoßgeschwindigkeiten und zur Verfolgung der Verdünnungswellen gefunden werden. Abb. 4.9 (S. 48) zeigt, daß selbst bei der Registrierung der Verdünnungswellen noch Spannungen von mehreren 100 mV bis zu 1 V erreicht werden. Dadurch wird die Zeichnung des t-x-Diagrammes wesentlich erleichtert.

4.2 Öffnungsmechanismus für Membranen

Die rechtzeitige Öffnung der den Vakuumkessel vom Hochdruckteil trennenden Membran nach dem Zerstören des Diaphragma zwischen Hochdruckteil und Niederdruckteil bedeutet eine wesentliche Voraussetzung für die Verwendung des chemischen Stoßwellenrohres zur Untersuchung von Reaktionsmechanismen.

GLICK, SQUIRE und HERTZBERG [6] zerstörten die beiden Membranen D_1 und D_2 (vgl. Abb. 3.8), die Folien waren, mit einem verzweigten Hilfsstoßrohr, mit dem eingebaute Nadeln in die Diaphragmen gestoßen wurden. Der gewünschte Zeitunterschied zwischen dem Bersten der Membranen ließ sich durch Variation der Längen der beiden vom Verteilerstück ausgehenden Niederdruckteile des Hilfsstoßrohres und durch die Wahl der Stoßgeschwindigkeiten in den Rohren einstellen. Die Anordnung war in den Grenzen von etwa 100 μsec reproduzierbar.

Dieses Verfahren konnte in der vorliegenden Arbeit nicht verwendet werden, weil nicht nur mit Wasserstoff und Helium als Treibergas gearbeitet werden sollte, sondern durch die Verwendung der unterschiedlichsten Treibergase und -gasgemische und bei weiter Variation der Drucke im Niederdruckteil die Schwierigkeiten des »Tailored Interface« (vgl. Kap. 3.3.4) umgangen und gleichzeitig eine Veränderung der Aufheizzeiten in weiten Bereichen erreicht werden sollte. Das führte aber zu wesentlich höheren Drücken (> 40 kp/cm^2) im Hochdruckteil als bei GLICK u. a., so daß die dünnen Folien nicht mehr als Diaphragma verwendet werden konnten. Außerdem war eine bessere Reproduzierbarkeit erwünscht, denn die oben erwähnten 100 μsec bedeuten besonders bei sehr kurzen Aufheizzeiten unter 1 μsec einen zu großen Fehler.

Eine wesentliche Verbesserung des Öffnungsmechanismus mit mechanischen Mitteln besonders bei Verwendung stärkerer Kunststoffdiaphragmen und in noch größerem Maße bei Metallmembranen erschien ausgeschlossen. Dagegen bot sich neben einigen anderen Verfahren – wie z. B. Anbringen einer Sprengkapsel, Durchschießen mit einem Geschoß usw. – das hier in einer eingehenden Arbeit [37] entwickelte Verfahren der Zerstörung der Membran mittels einer Drahtexplosion an.

Es ließ sich eine im Bereich von 40 μsec liegende zeitliche Reproduzierbarkeit des Öffnungsvorganges dünner Hostaphanmembranen (bis 50 μm Stärke) erreichen. Das Bersten der Membran wurde durch eine Drahtexplosion ausgelöst.

4.2.1 Bestimmung der Öffnungszeiten von dickeren Kunststoffmembranen

Um das oben erwähnte Verfahren auch auf stärkere Kunststoffmembranen auszudehnen, wurden zunächst umfangreiche Vorversuche unternommen. Es wurden die unterschiedlichsten Kunststoffdiaphragmen (Cellulosenitrate und -acetate, PVC-Mischpolymerisate, Polyäthylen, Polyamide usw.) verwendet, wobei sich herausstellte, daß das Polyesterprodukt »Hostaphan« als Membranwerkstoff die günstigsten Eigenschaften hat, da es sich als Thermoplast unter Vorspannung nur wenig dehnt, nach dem Aufplatzen aber ohne zu zersplittern leicht weiterreißt. Leider ist diese Folie nur in einer Stärke bis zu 356 μm zu erhalten, so daß in der hier verwendeten Versuchsanlage (Durchmesser des Rohres 82 mm) nur maximale Druckdifferenzen über die Membran von $\Delta P_{1_{max}}$ = 13,5 kp/cm^2 erreicht werden können. Durch Aufeinanderlegen zweier Diaphragmen konnte die Druckdifferenz ΔP_{max} auf 25,5 kp/cm^2 erhöht werden. Dabei war der Berstdruck sehr gut reproduzierbar, was aber für mehrschichtige Diaphragmen nicht mehr zutrifft.

Es galt nun, den zeitlichen Einsatz der Zerstörung der relativ starken Hostaphandoppelmembran mit Hilfe eines explodierenden Drahtes zu steuern. Aus diesem Grunde wurde zunächst versucht, eine optimale Abstimmung der verschiedenen Einflußgrößen auf den Explosionsablauf zu erreichen, denn es hatte sich gezeigt, daß die Verwendung z. B. zu dünner Drähte zu keinem Ergebnis führte. Zwar gibt es einige Arbeiten – z. B. von NASH und OLSEN [38] –, die sich generell ohne Bezug auf eine technische Anwendung mit dem Einfluß der Drahtlängen, Drahtquerschnitte, des Materials, der Spannung, der in dem Kondensator gespeicherten Energie usw. auf den Explosionsverlauf befassen. Dennoch war eine Prüfung unter den hier gegebenen anderen Verhältnissen unumgänglich.

Zunächst wurde geklärt, welche Drähte bei vorgegebener Spannung und Kapazität der Kondensatorbatterie überhaupt zu einer Zerstörung des mit einer Druckdifferenz von $\Delta P = 23$ kp/cm² – d. h. $\frac{\Delta P}{\Delta P_{\max}} = 0{,}9$ — vorgespannten Membran führten. Die verwendeten Kupferdrähte waren 140 mm lang und wurden entsprechend früheren Vorschlägen [37] mit Hilfe von Hostaphanplättchen auf die Membran aufgeklebt. Die Kondensatorbatterie bestand aus 20 Kondensatoren mit einer Kapazität von je 40 μF und einer Spannung bis zu 2,5 KV, die vorher einzeln zugeschaltet werden konnten. Gezündet wurde über eine Funkenstrecke mit Mittelelektrode (Abb. 4.2).

Es zeigte sich, daß der Draht mit einem Durchmesser von 0,5 mm den Öffnungsvorgang am schnellsten einleitete. Weder die Drähte mit einem Durchmesser < 0,2 mm noch die mit einem Durchmesser > 1 mm führten zur Zerstörung der Membran.

Um einen Überblick über den Anteil der Explosionszeit des Drahtes an der Öffnungszeit zu erhalten, wurden Spannungs- und Stromverlauf während der Explosion bei Variation der Anfangsbestimmungen (Spannung, Kapazität) gemessen. Abb. 4.2 gibt das Schaltschema wieder. Dabei ergab sich für die Zündanlage eine Ansprechzeit von 2 μsec, während das Spannungsmaximum (vgl. Abb. 4.3) nach 35 μsec auftrat, wenn mit einer Kondensatorspannung von 2,5 kV gearbeitet wurde. Die Explosionszeiten waren im Bereich von 2 μsec reproduzierbar. Das vor der Explosion auftretende Strommaximum von etwa 10^4 A wurde mit einer Magnetsonde gemessen.

Die einzelnen Phasen [39,1] [40] des in Abb. 4.3 gezeigten Explosionsablaufes mit dem langsamen Anstieg der Spannung beim Verdampfungsvorgang, dem Spannungsmaximum zum Beginn der Explosion, wenn der Stromfluß unterbrochen wird, dem nachfolgenden Zünden eines Lichtbogens und der abschließenden Expansion ohne Energiezufuhr entsprechen qualitativ den von W. MÜLLER [39,1] in anderem Zusammenhang durchgeführten Messungen mit dünneren Drähten, höheren Spannungen und geringeren Kapazitäten. Die gemessenen verhältnismäßig langen Explosionszeiten erklären sich durch die relativ geringen Spannungen, die hohen induktiven Widerstände, die hier auftraten, und durch das Aufkleben des Drahtes auf die Membran.

Nachdem das Explosionsverhalten des auf die Membran aufgeklebten Drahtes geklärt war, wurde die durch den explodierenden Draht eingeleitete Zerstörung der starken Hostaphanmembran verfolgt. Gemessen wurde die nach dem Öffnen sich bildende Verdünnungswelle. Die Meßanordnung geht aus Abb. 4.4 hervor. Der Explosionsvorgang wird durch das Zerstören einer Triggersonde, durch die ein Strom fließt, ausgelöst. Die Schaltung des Netzteiles sowie des Ein- und Ausgangs des Auslöseteiles für die Zündanlage geht aus den Abb. 4.5, 4.6 und 4.7 hervor. Auf die Bedeutung der Triggersonde und des Verzögerungsgerätes wird in Kap. 4.2.3 eingegangen.

Der beim Zerreißen der Triggersonde anfallende Spannungspuls dient zum Auslösen des Zündens der Funkenstrecke und zum Triggern des Oszillographen. Der Draht explodiert, die durch den Überdruck im Hochdruckteil vorgespannte Membran reißt auf, und eine Verdünnungswelle, die mit der Drucksonde registriert wird, läuft in den

Hochdruckteil. Unter Abzug der Zeit, die der Kopf der Verdünnungswelle zum Durchlaufen der Strecke bis zur Drucksonde benötigt, ergab sich bei einer Vorspannung der Membran von $\frac{\Delta P}{\Delta P_{max}} = 0,9$ eine Öffnungszeit von 180 μsec.

Die geringe zeitliche Schwankungsbreite von etwa 40 μsec und die Abhängigkeit von der Vorspannung gehen aus dem Diagramm der Abb. 4.8 hervor. Die Ergebnisse der Abb. 4.8 stimmen überein mit der Arbeit BEYLICH [37], wo das Verhalten wesentlich dünnerer Membranen untersucht wurde. Damit ist aber bewiesen, daß dieser neue Öffnungsmechanismus auch bei dicken Kunststoffmembranen den mechanischen Vorrichtungen überlegen ist, wenn das Diaphragma genügend vorgespannt ist.

Ein anderer Vorteil ist, daß auch dünne Aluminium-Membranen mit einem Durchmesser von 82 mm und einer Stärke von 2 mm auf die gleiche Weise zerstört werden können. Allerdings traten hier größere Abweichungen von der mittleren Berstzeit auf, was besonders auf Ungenauigkeiten beim Kerben der Membranen zurückzuführen ist.

4.2.2 Bestimmung der Öffnungszeiten für ein Doppelmembran-Zwischendruck-Kammersystem

Beim Übergang zu Drücken > 60 kp/cm² im Hochdruckteil mußten aber stärkere vorgekerbte Metalldiaphragmen verwendet werden, und zwar Al-Membranen. Ein Zerstören von 3 bis 6 mm starken Al-Diaphragmen bei hinreichender Reproduzierbarkeit mit einem explodierenden Draht war zunächst unmöglich. Bei Versuchen mit dem konventionellen Stoßrohr hatte sich aber herausgestellt, daß bei sorgfältigem Fräsen der Kerben der Berstdruck von Al-Diaphragmen in einem Bereich von ± 2 bis 3 kp/cm² schwankte. Diese Schwankungen galt es zu beseitigen, was mit Hilfe einer Mitteldruck-Doppeldiaphragmakammer gelang. Hierunter versteht man nach Abb. 4.1 und 4.4 eine Kammer, die zum Expansionskessel hin mit einem Kunststoffdiaphragma und zum Hochdruckteil mit einer Al-Membran abgeschlossen ist. Der Gegendruck in der Kammer ist so hoch, daß die unter Berstdruck stehende Al-Membran nicht platzt. Durch Zerstören des Kunststoffdiaphragma wird der Druck in der Kammer abgebaut und die Al-Membran geöffnet.

Zuerst wurden die Öffnungszeiten der Kammer ohne Drahtexplosion bei Zerstörung der Kunststoffmembran durch Überdruck ermittelt (vgl. Abb. 4.4). Abb. 4.9 zeigt das Ergebnis für einen Versuch unter folgenden Bedingungen: Berstnenndruck der Al-Membran: 50 kp/cm², $\frac{\Delta P_{Al}}{\Delta P_{max_{Al}}} = 1,3$, Bersten des Hostaphandiaphragma: 25,5 kp/cm².

Unter Abzug der Laufzeit der Verdünnungswelle ergibt sich für die Öffnungszeiten des Kammersystems ein Wert von 1,225 msec und für die Berstzeit nur der Al-Membran 860 μsec. Die Berstzeiten der Al-Membran lagen damit in dem von DREWRY und WALENTA [41] bei konventionellen Stoßwellenrohren angegebenen Bereich.

Durch Übergang zu höheren Drücken im Hochdruckteil – d. h. zu höheren Vorspannungen – konnte die mittlere Berstzeit weiterhin um 300 μsec auf 560 μsec herabgesetzt werden, was aber ein sorgfältiges Kerben der Membran verlangt.

Bei Steuerung des Öffnungsvorganges mit dem explodierenden Draht ergab sich eine mittlere Öffnungszeit von 1,3 msec (Abb. 4.10), die bei optimaler Wahl aller Bedingungen auf 950 μsec verbessert werden konnte bei Abweichungen unter 100 μsec. Das ergibt eine befriedigende Reproduzierbarkeit und zeigt die Überlegenheit des Verfahrens gegenüber dem mechanischen.

4.2.3 Der Öffnungsmechanismus beim Versuchsablauf im chemischen Stoßwellenrohr

Gestützt auf diese Ergebnisse konnte die gesamte Versuchsapparatur in Betrieb genommen werden. Der Aufbau geht aus Abb. 4.1 hervor: Durch das Bersten der Membran zum Niederdruckteil hin wird die in Form eines dünnen Drahtes aufgespannte Triggersonde zerstört und der Zündmechanismus ausgelöst. Die Membran zum Kessel soll möglichst erst dann geöffnet werden, wenn der Kopf der Verdünnungswelle sie erreicht (vgl. Kap. 3.3). Der Zündimpuls muß deshalb je nach Länge des Hochdruckteils und der Schallgeschwindigkeit des Treibergases verzögert werden. Dazu dient ein hier von ALFS [42] entwickeltes Verzögerungsgerät. Schaltung und Anschlüsse zu Auslöse-ein- und -ausgang gehen aus Abb. 4.11 hervor.

Folgendes Beispiel macht die Wirkungsweise deutlich: Unter der Annahme, daß reines Helium als Treibergas verwendet wird, benötigt die Verdünnungswelle 2 msec zum Durchlaufen eines 2 m langen Hochdruckteiles. Nach Abzug der Öffnungszeit für das Kammersystem von 950 µsec muß im Verzögerungsgerät der Zündimpuls 1,05 msec verzögert werden. Längere bzw. kürzere Verzögerungen braucht man bei Treibergasmischungen mit N_2 bzw. H_2.

Die Zähler zum Nachweis eventueller Machzahländerungen sowie die Oszillographen wurden ebenfalls durch den Spannungsstoß beim Zerreißen der Triggersonde getriggert.

4.3 Das Analysenverfahren

Zur qualitativen und quantitativen Analyse der anfallenden Gasproben, deren Gewinnung noch erläutert wird, wurde hauptsächlich ein Gaschromatograph der Firma Warner-Chilcott verwendet. Hiermit läßt sich in verhältnismäßig kurzer Zeit bei relativ geringem Aufwand sowohl die qualitative Identifizierung als auch die quantitative Bestimmung eines Gasgemisches mit einer Vielzahl unterschiedlichster anorganischer und organischer Komponenten erreichen. Das aber war im vorliegenden Fall die Problemstellung. Hinzu kommt, daß diese Technik in den letzten Jahren eine große Bedeutung erlangt hat, was sich in der großen Zahl der Veröffentlichungen und der umfangreichen einschlägigen Literatur widerspiegelt (vgl. [43], [44], [45], [46], [47] und die dort angegebenen Literaturstellen). Deshalb kann hier auf eine Wiedergabe der Theorie des gaschromatographischen Trennungsvorganges verzichtet und auf die dort angegebenen ausführlichen Darstellungen verwiesen werden. Dagegen sind einige apparative Details von größtem Interesse.

Es bestand die Aufgabe, sowohl die als Treibergase verwendeten Gasmischungen anorganischer Gase und der Edelgase (N_2, H_2, CO_2, Ar, He) zu bestimmen als auch Mischungen dieser Gase mit einer Anzahl organischer Komponenten (CH_4, C_2H_4, C_2H_6 usw. bis C_4H_{10}). Das war notwendig, um eventuell auftretende Mischungen des Hochdruckgases mit dem Testgas festzustellen und bei der Bestimmung der zersetzten Anteile des Testgases die richtigen Bezugswerte zu haben. Aus diesem Grunde wurden beide Trennprinzipien – sowohl die Adsorptions-Gas-Chromatographie als auch die Verteilungs-Gas-Chromatographie – angewendet.

Die meisten Proben wurden mit Hilfe einer 2 m langen Silica-Gel-Säule und einer mit Dibenzyläther auf Chromosorb 80/100 mesh gefüllten Säule analysiert, wobei letztere die recht große Länge von 10 m hatte. Die Silica-Gel-Säule lieferte gute Ergebnisse für die anorganischen Gase (H_2 + He; N_2 + Ar; CO_2) und die niedrigen Alkane und Alkene, während die Dibenzyläther-Säule besonders für die höheren Kohlenwasserstoffe verwendet wurde. Abb. 4.12 zeigt Chromatogramme, die mit diesen beiden

Säulen ermittelt wurden. Weitere verwendete Säulenfüllmaterialien waren Molekularsieb 60/80 mesh 5 Å und Dimethylsulfolan E (Perkin-Elmer OS 14.12). In der Mehrzahl der Fälle wurde Helium (99.995%) als Trägergas verwendet. Für eine gute Konstanz des Gasmengenstromes war gesorgt. Die Säulentemperatur betrug je nach Trennproblem und Säulenwert zwischen 45°C bis 110°C. Sie wurde aber in der Mehrzahl der Fälle (Säulen Silica-Gel/Dibenzyläther) auf 48°C gehalten. Als Probevolumen wurden meistens nur 0.5 cm³ oder 1 cm³ eingegeben, da fast immer eine Komponente im Überschuß vorhanden war. Nur zu Vergleichs- und Eichzwecken wurde ein Probevolumen bis zu 5 cm³ benutzt.

Die oben genannten Daten, die hier nicht näher spezifiziert zu werden brauchen, waren das Ergebnis umfangreicher Vor- und Eichversuche qualitativer und quantitativer Natur. Die Schwierigkeiten bei der Suche nach dem Optimum lassen sich leicht verstehen, wenn man sich bei dem Umfang der vorliegenden Trennprobleme die große Zahl der Einflußgrößen – Säulenfüllung, Säulenlänge, Temperatur, Trägergasart, Trägergasgeschwindigkeit, Detektoreigenschaften usw. – vor Augen hält.

Nachdem die optimalen Arbeitsbedingungen des Chromatographen gefunden waren, wurde der Linearitätsbereich des Detektors durch Messung mit verschiedenen Eichgasgemischen bestimmt. Bei der qualitativen Auswertung sollte sowohl die sogenannte 100%-Methode als auch die absolute Eichung herangezogen werden, um den Auswertefehler möglichst klein zu halten. Aus diesem Grunde wurden in langen Versuchsreihen die notwendigen Eich- und Korrekturfaktoren ermittelt und mit Eichgasgemischen laufend überprüft. Eine weitere Kontrolle besteht z. B. bei der Untersuchung der Zersetzung von Kohlenwasserstoffen in der Bedingung, daß die Summe der Kohlenstoff- und der Wasserstoffatome konstant bleiben muß. Sobald jedoch die Rußbildung einsetzt, ist diese Bedingung bei der gaschromatographischen Auswertung nicht mehr zu verwenden.

4.4 Gasmischung und Gasprobenentnahme

Die Gasmischungen wurden in einem Hochdruckbehälter vorbereitet. Nach dem Evakuieren des Behälters und anschließendem Spülen mit einem Edelgas (meistens Ar) wurde das Mischungsverhältnis über die vorher berechneten Partialdrücke eingestellt. Die Gasmischung wurde dann gaschromatographisch geprüft. Das Testgasgemisch wurde vor jedem Versuch noch einmal analysiert, um eventuell auftretende Entmischungseffekte noch rechtzeitig auszuschalten.

Nach dem Versuch hatte das Gas je nach den gewählten Anfangsbedingungen einen Druck von etwa 150 Torr bis zu einigen 100 Torr (maximal 600 Torr). Deshalb wurde eine Apparatur zur Gasprobenentnahme aus einem Unterdruckbehälter entworfen. Sie stellt eine Erweiterung des Vorschlages von VANGO [48] dar.

5. Versuchsdurchführung und Meßergebnisse

5.1 Vorversuche mit Methan

Um einen Überblick darüber zu erhalten, ob die Versuchsanlage reproduzierbare Ergebnisse liefert, wurden zunächst in Anlehnung an die Versuche von GLICK [49] einige Messungen zur Pyrolyse des Methans vorgenommen. Dabei ergaben sich im wesentlichen – d. h. in den von GLICK zugelassenen Fehlergrenzen – die gleichen Ergebnisse. Den Verlauf der prozentualen Zersetzung des Methans als Funktion der Temperatur gibt Abb. 5.1 wieder.

Bei einer Reaktionszeit von etwa 1 msec setzte die Methanzersetzung im vorliegenden Fall um etwa 80° später ein als bei GLICK, während bei Temperaturen von 3000°K durchaus noch unzersetztes Methan in der Größenordnung von 1% und mehr nachgewiesen werden konnte. Die gestrichelte Linie in Abb. 5.1 verdeutlicht das. Bei einer kritischen Beurteilung dieser Differenzen sollen jedoch die schon von GLICK angedeuteten Schwierigkeiten der Temperaturbestimmung bzw. der nicht mehr isothermen Reaktion besonders bei den hohen Zersetzungsraten berücksichtigt werden. In der vorliegenden Arbeit wurde auch bei höherer Verdünnung (95% Ar + He / 5% CH_4; GLICK: 90% Ar + He, 10% CH_4) noch oberhalb 3000°K unzersetztes Methan gefunden. Neben C_2H_2 und C_2H_4 konnten noch einige andere Reaktionsprodukte in geringen Mengen nachgewiesen werden. Interesse verdient der besonders bei höheren Temperaturen an den Wänden und am Endflansch in Form von Ruß auftretende Kohlenstoff, der aber nicht genauer auf Einschlüsse (Polyacetylene usw.) untersucht wurde.

Die Ergebnisse der Vorversuche und ihre Übereinstimmung mit den Werten von GLICK rechtfertigen die Verwendung der Apparatur zur Untersuchung anderer schneller Reaktionen.

5.2 Die thermische Zersetzung von *n*-Butan

Die Pyrolyse von nieder- und höhermolekularen Paraffinkohlenwasserstoffen ist – wie schon angedeutet – von großem Interesse, nicht zuletzt wegen des stark gestiegenen Bedarfs an Olefinen, die u. a. als Produkte anfallen. Bei der Konstruktion von Anlagen zur Pyrolyse – insbesondere der Pyrolyseöfen, Röhrenerhitzer usw. [4], [5] – ist zunächst die Kenntnis der möglichen Mechanismen und der hinreichend stabilen Reaktionsprodukte von großer Bedeutung. Weiterhin müssen die kinetischen Daten als Funktion von Temperatur, Druck und Gaszusammensetzung bekannt sein. Sind diese Bedingungen erfüllt, so läßt sich durch den Einsatz schneller digitaler Rechenmaschinen eine Anlage optimal auslegen.

Jedoch sind die im Laborversuch – d. h. also im wesentlichen mit statistischen Methoden und Strömungsverfahren – bestimmten kinetischen Daten meistens nur sehr bedingt und unter Benutzung von Korrekturfaktoren zu verwenden [50]. Das hat verschiedene Ursachen. Zunächst sind die unterschiedlichen Meßmethoden heranzuziehen. Wenn man berücksichtigt, daß die thermische Zersetzung der Aliphate eine endotherme Reaktion ist, so läßt sich erkennen, daß viele Messungen der Reaktionsraten eher einer Wärmeübergangsmessung gleichkommen [51], [53]. Durch Abb. 5.2 [52] wird diese Tatsache deutlich unterstrichen.

In der Literatur finden sich zahlreiche Veröffentlichungen über die thermische Zersetzung des *n*-Butans im Temperaturbereich von etwa 500°C bis 650°C ([52] bis [74]). Beim Vergleich der einzelnen Arbeiten ergeben sich große Abweichungen in der Annahme der Reaktionsordnung, der Geschwindigkeitskonstanten und der Verteilung der Reaktionsprodukte. So variiert der Wert für die Aktivierungsenergie von 73,9 $\frac{\text{kcal}}{\text{mol}}$ bis zu 39,3 $\frac{\text{kcal}}{\text{mol}}$. Die Abb. 5.3 veranschaulicht den Unterschied.

Sehr häufig wird der Wert von STEACIE und PUDDINGTON herangezogen. Es zeigte sich aber, daß auch er für Berechnungen von Anlagen korrigiert werden muß [50].

5.2.1 Meßergebnisse

Aus den Versuchen ergab sich eine Reaktion erster Ordnung, die durch die Zeiten bestätigt wird, in denen sich ein vorgegebener Prozentsatz – z. B. 5% – des *n*-Butans zersetzt hatte. Die Ermittlung der Halbwertszeit besitzt dagegen nur bedingten Aussagewert, da bei einer Umsetzung von 50% die Bedingungen einer isothermen Reaktion nicht mehr erfüllt sind. Es zeigte sich aber, daß die Reaktionsrate von der Anfangskonzentration weitgehend unabhängig ist, was die Reaktion 1. Ordnung bestätigt. Hierbei wurde die n-C_4H_{10} Konzentration nur in engem Rahmen (bis zu 10% in Argon) variiert und blieb meistens unter 5,7% um Korrekturfaktoren zu vermeiden. Deshalb war aus dem Zeitvergleich allein eine endgültige Aussage nicht zu erwarten.

Daß die Reaktion von 1. Ordnung ist, wurde aber auch dadurch bestätigt, daß bei Berechnungen mit höheren Reaktionsordnungen die Werte für die Geschwindigkeitskonstanten stark streuen und keine andere Reaktionsordnung gefunden wurde, mit der die Ergebnisse besser beschrieben werden konnten als mit der Annahme 1. Ordnung.

Wenn eine Reaktion 1. Ordnung zugrunde gelegt wird, ergibt sich die in Abb. 5.4 dargestellte Abhängigkeit der Geschwindigkeitskonstanten von der Temperatur. Es wird

$$k = 0{,}322 \cdot 10^{10} \, e^{\frac{41700}{RT}} \, \text{sec}^{-1} \tag{5.1}$$

Diese Beziehung wurde durch Variation der Temperatur im Bereich von 950°K bis 1500°K und der Reaktionszeiten von einigen 100 µsec bis zu etwa 10 msec aus einer Vielzahl von Messungen ermittelt. So ergab sich z. B. bei einer für Untersuchungen mit Stoßrohren relativ langen Reaktionszeit von ungefähr 5 msec die in Abb. 5.5 dargestellte Abhängigkeit der *n*-Butan-Zersetzung von der Temperatur. Versuche mit mehr als 50% zersetztem *n*-Butan (gestrichelte Linie) wurden zur Auswertung nicht mehr herangezogen, da hier keine isotherme Reaktion mehr vorliegt und außerdem die kinetischen Betrachtungen wegen des Einflusses der Reaktionsprodukte nicht mehr gültig sind.

Wie die Abb. 5.4 zeigt, sind die im Stoßrohr ermittelten Werte für die Geschwindigkeitskonstante im Bereich von ca. 1000°K bis 1500°K mit einigen extrapolierten – z. B. den von SANDLER und CHUNG angegebenen – in recht guter Übereinstimmung. Ein Vergleich mit den Werten der Abb. 5.3 aber zeigt, daß die hier bei hohen Temperaturen gemessene Aktivierungsenergie von 41,7 $\frac{\text{kcal}}{\text{mol}}$ kleiner ist als die bei tiefen Temperaturen ermittelten Werte anderer Autoren. Große Unterschiede zu den Arbeiten bei tiefen Temperaturen sind in den Reaktionsprodukten festzustellen. Abb. 5.6 gibt für eine Reaktionszeit von ebenfalls 5 msec die Produktverteilung als Funktion der Temperatur wieder. Dort sind die drei Hauptprodukte Äthylen, Proylen und Methan aufgetragen. Die weiteren Reaktionsprodukte Äthan, Wasserstoff, Butylen und Spuren von Propan,

i-Butan und von Komponenten mit höherem Kohlenstoffanteil traten in zu geringen Mengen auf, um quantitativ genau genug bestimmt werden zu können.

Acetylen- und Kohlenstoffbildung setzte erst bei höheren Temperaturen und bei längeren Reaktionszeiten ein.

Die Abb. 5.7 verdeutlicht die Ergebnisse der Abb. 5.6 noch insofern, als hier die Volumenverhältnisse aufgetragen sind. Die Propylen-Konzentration geht mit steigender Temperatur stark zurück, während die Äthylen-Konzentration immer mehr überwiegt. Der C_2H_6-Anteil, der unter Berücksichtigung der großen Streuungen von etwa $0,36 \frac{\text{mol}}{100 \text{ mol } C_4H_{10}}$ bis $4 \frac{\text{mol}}{100 \text{ mol } C_4H_{10}}$ fast linear ansteigt, ist wesentlich geringer als bei Pyrolyseuntersuchungen bei tieferen Temperaturen, während die Methankonzentration relativ hoch bleibt.

Die Ausbeute an Zersetzungsprodukten ist in Abb. 5.8 dargestellt. Obwohl die relative Verteilung der Produkte von der Reaktionszeit und der Temperatur abhängt, läßt sich durch Extrapolation auf 0% Zersetzung ein Überblick über die primären Reaktionsprodukte im untersuchten Temperaturbereich gewinnen. Nach Abb. 5.8 verteilen sich bei den vorliegenden Versuchen die Hauptkomponenten bei Temperaturen von 1100°K bis 1200°K wie folgt:

$$n\text{-}C_4H_{10} \to 0{,}57 \, CH_4 + 0{,}68 \, C_3H_6 + 0{,}61 \, C_2H_4 + 0{,}07 \, C_2H_6 + \text{Rest} \quad (5.2)$$

Demgegenüber fanden STEACIE und PUDDINGTON [57] eine durch die Gleichung

$$n\text{-}C_4H_{10} \to 0{,}69 \, CH_4 + 0{,}69 \, C_3H_6 + 0{,}31 \, C_2H_4 + 0{,}29 \, C_2H_6 + \text{Rest} \quad (5.3)$$

zu beschreibende Zusammensetzung der Reaktionsprodukte, und SANDLER und CHUNG [53] ermittelten ein etwas modifizierteres Gleichungssystem

$$\begin{aligned} &0{,}62 \, (n\text{-}C_4H_{10} \to CH_4 + C_3H_6) \\ &0{,}25 \, (n\text{-}C_4H_{10} \to C_2H_6 + C_2H_4) \\ &0{,}06 \, (n\text{-}C_4H_{10} \to 2 \, C_2H_4 + H_2) \\ &0{,}07 \, (n\text{-}C_4H_{10} \to C_4H_8 + H_2) \end{aligned} \quad (5.4)$$

das sich zusammenfassen läßt zu

$$n\text{-}C_4H_{10} \to 0{,}62 \, CH_4 + 0{,}62 \, C_3H_6 + 0{,}37 \, C_2H_4 + 0{,}25 \, C_2H_6 + \text{Rest} \quad (5.5)$$

Besonders auffällig ist die viel stärkere Zunahme des Äthylens und der geringere Äthan-Anteil im Vergleich zu den von anderen Autoren vorgeschlagenen Gl. (5.2) und (5.4). Der Unterschied dürfte sich damit erklären, daß neben den apparativ bedingten Abweichungen bei der thermischen Zersetzung des n-Butans im Gegensatz zur Pyrolyse der Alkane mit kleinerem Molekulargewicht [49], [75] auch Temperatur, Druck und Inertgaszusätze den Reaktionsmechanismus beeinflussen und verändern.

Während hier im Temperaturbereich zwischen 900°K und 1500°K bei Partialdrücken des n-Butans von 300 Torr bis 700 Torr gearbeitet wurde, ermittelten STEACIE und PUDDINGTON [57] die kinetischen Daten bei Temperaturen von 520°C bis 590°C und Drücken von 30 mm Hg bis 600 mm Hg, SANDLER und CHUNG [53] bei Temperaturen von 638°C bis 696°C und bei 760 mm Hg und WANG, RINKER und CORCORAN [52] bei Temperaturen von 460°C bis 560°C und bei 760 mm Hg.

Schon EGLOFF, THOMAS und LINN [64] deuteten auf den Einfluß des Druckes auf die Reaktionsrate und die Produktverteilung hin. Bei ihren relativ niedrigen Temperaturen zeigte sich, daß der Anstieg der Reaktionsrate bei geringeren Drücken größer ist als bei hohen Drücken, und daß der Anteil an Olefinen bei hohen Drücken ein Vielfaches von dem bei niedrigen Drücken ist. STEACIE und PUDDINGTON extrapolierten ihren Wert für die Aktivierungsenergie auf hohe Drücke. Bei 250 mm Hg erhielten sie einen Wert für die Aktivierungsenergie von $67{,}0 \frac{\text{kcal}}{\text{mol}}$.

Einen Einfluß des Druckes auf die Produktverteilung beweisen auch Versuche von KUPPERMANN und BURTON im Lichtbogen [11], obwohl hier die Änderungen im Charakter der Entladung mit der Variation des Druckes berücksichtigt werden müssen. Weitere Hinweise für die Bedeutung des Druckes bei tiefen Temperaturen finden sich bei der Beobachtung der Kettenlänge [70], die mit wachsendem Druck abnimmt. Einige Versuche, die Druckunabhängigkeit der Reaktion bei tieferen Temperaturen zu erfassen, stammen von INGOLD, STUBBS und HINSHELWOOD [69]: Sie erhielten für die normale Reaktion:

$$r_0 = AP_0 + BP_0^2 \qquad (5.6)$$

und für die inhibierte Reaktion

$$r_\infty = A'P_0 + B'P_0^2 \qquad (5.7)$$

Hier bedeuten r_0 bzw. r_∞ den anfänglichen Druckanstieg in mm Hg/min der normalen Reaktion bzw. der vollständig inhibierten Reaktion, P_0 der anfängliche Druck in mm Hg, A, B, A' und B' sind Konstanten, die jedoch von der Temperatur abhängen. So ergeben sich z. B. für die Konstanten der Zersetzung des n-Butans bei 530° C:

Tab. 5.1 Konstanten zur Druckabhängigkeit der n-Butan-Zersetzung nach INGOLD, STUBBS und HINSHELWOOD

$A \times 10^2/\text{min}^{-1}$	$B \times 10^5/\text{min}^{-1}$	$A' \times 10^2/\text{min}^{-1}$	$B' \times 10^5/\text{min}^{-1}$
2,45	1,0	0,35	1,5

Diese Ergebnisse sind nur beschränkt zu Vergleichen heranzuziehen, da sie mit Hilfe einer statistischen Methode aus den Druckanstiegen errechnet wurden und folglich nur auf die Reaktionsprodukte bezogen sind.
Eine derart einfache Abhängigkeit der Reaktionsrate der normalen – d. h. nicht inhibierten – Reaktion vom Druck konnte in den vorliegenden Versuchen bei hohen Temperaturen und einem Partialdruck des n-Butans zwischen 300 Torr und 700 Torr bei Gesamtdrucken von 8 kp/cm² bis 12 kp/cm² nicht nachgewiesen werden. Da außerdem eine Änderung der Reaktionsordnung nicht festgestellt werden konnte und die Aktivierungsenergie innerhalb der Meßgenauigkeit keine Druckabhängigkeit mehr zeigte, muß angenommen werden, daß im untersuchten Temperaturbereich der Druck oberhalb 300 Torr in weiten Grenzen nur einen geringen Einfluß auf den Reaktionsmechanismus ausübt.
Im Zusammenhang mit diesen Versuchen ergab sich auch, daß Argon als Verdünnungsgas keinen Einfluß auf die Kinetik der Reaktion ausübt. Dieses Ergebnis stimmt mit den Annahmen und Beobachtungen anderer Arbeiten über die Zersetzung niederer Alkane [49], [75] und insbesondere auch mit den Messungen von JACH und HINSHELWOOD für die inhibierte Reaktion bei tieferen Temperaturen [71] überein. Dabei muß aber berücksichtigt werden, daß der Argon-Überschuß außerordentlich groß war und die Variation der Konzentrationen nur in relativ engen Grenzen erfolgte. Welchen Einfluß z. B. geringe Argon-Zusätze bei der n-Butan-Zersetzung im vorliegenden Temperaturbereich haben, konnte aus den schon erwähnten Gründen nicht untersucht

werden. Beim Vergleich der kinetischen Daten (Abb. 5.3) und der Reaktionsprodukte (Abb. 5.8; Gl. (5.5)) darf der inerte Stoßpartner jedoch nicht außer Betracht bleiben, da er Grund für Fehldeutungen sein kann, wie an Hand des noch zu beschreibenden Reaktionsmechanismus gezeigt werden wird.

5.2.2 Diskussion der Ergebnisse

Erste eingehende Betrachtungen über den Reaktionsmechanismus der thermischen Zersetzung des n-Butans mit Berücksichtigung eines Kettenmechanismus finden sich bei RICE [68], dessen Überlegungen in einigen neueren Arbeiten aufgenommen wurden [52], [53], [54], [55], [56]. Beim Übergang zu höheren Temperaturen und größeren Temperaturbereichen sind jedoch Besonderheiten zu beachten, und verschiedene Vereinfachungen sind nicht mehr gültig. So ist z. B. zu prüfen, welchen Anteil die Startreaktionen an der Gesamtreaktion haben, welche sekundären Reaktionen berücksichtigt werden müssen und welche Möglichkeiten molekularer Reaktionen gegeben sind.

Um die Einordnung der Versuchsergebnisse zu ermöglichen, soll hier – aufbauend auf den Ergebnissen von RICE – ein modifizierter Vorschlag für den Reaktionsmechanismus diskutiert werden.

Mit der Annahme des wahrscheinlichen Aufbrechens der C-C-Bindung ergibt sich für die Kettenauslösung:

$$n\text{-}C_4H_{10} \xrightarrow{k_{1a}} C_2H_5^{\cdot} + C_2H_5^{\cdot} \qquad (5.8)$$

$$n\text{-}C_4H_{10} \xrightarrow{k_{1b}} CH_3^{\cdot} + C_3H_7^{\cdot} \qquad (5.9)$$

Beim Übergang zu höheren Temperaturen ist dennoch eine Abschätzung über den Beitrag, den die Reaktion

$$n\text{-}C_4H_{10} \xrightarrow{k_{1c}} C_4H_9^{\cdot} + H^{\cdot} \qquad (5.10)$$

liefert, notwendig. Hier deutet sich aber eine grundsätzliche Schwierigkeit bei allen Betrachtungen des Reaktionsmechanismus an: das Fehlen gültiger Aussagen über die kinetischen Daten der Einzelschritte. So werden für die Geschwindigkeitskonstante k_{1a} in verschiedenen Veröffentlichungen folgende Beziehungen verwendet:

$$k_{1a}' = 10^{13}\, e^{-\frac{82000}{RT}} \qquad [52]$$

$$k_{1a}'' = 3{,}77 \cdot 10^{18}\, e^{-\frac{86300}{RT}} \qquad [55]$$

$$k_{1a}''' = 10^{17}\, e^{-\frac{80000}{RT}} \qquad [54]$$

Einen von diesen Werten stärker abweichenden Betrag von $65{,}4\ \dfrac{\text{kcal}}{\text{mol}}$ für die Aktivierungsenergie der Dissoziation des n-Butans in Radikale gab RICE unter Vorbehalten an [20]. Die im folgenden verwendeten Daten sind vornehmlich den Veröffentlichungen [20], [52], [54], [55] entnommen. Mit den Werten aus [20], [52] ergibt sich dann für

$$k_{1a} = 10^{13}\, e^{-\frac{82000}{RT}}$$

$$k_{1b} = 10^{13}\, e^{-\frac{79000}{RT}}$$

Unter der Annahme, daß hier die Dissoziationsenergie gleich der Aktivierungsenergie ist, wird

$$k_{1c} = 10^{13}\, e^{-\frac{94000}{RT}}$$

Unter Zugrundelegung der Reaktionsschemata von RICE und den darauf aufbauenden von PURNELL und QUINN und WANG, RINKER und CORCORAN ergibt sich für die Kettenfortpflanzung:

$n\text{-}C_4H_{10} + C_2H_5^{\cdot} \xrightarrow{k_2} C_2H_6 + C_4H_9^{\cdot}$; $k_2 = 7{,}7 \cdot 10^{11}\, e^{-\frac{10400}{RT}}$ [54] (5.11)

$n\text{-}C_4H_{10} + CH_3^{\cdot} \xrightarrow{k_3} CH_4 + C_4H_9^{\cdot}$; $k_3 = 2{,}7 \cdot 10^{11}\, e^{-\frac{9000}{RT}}$ [54] (5.12)

$n\text{-}C_4H_{10} + H^{\cdot} \xrightarrow{k_4} H_2 + C_4H_9^{\cdot}$; $k_4 = 10^{14}\, e^{-\frac{7900}{RT}}$ [55] (5.13)

$C_4H_9^{\cdot} \xrightarrow{k_5} C_3H_6 + CH_3^{\cdot}$; $k_5 = 6{,}5 \cdot 10^{11}\, e^{-\frac{24000}{RT}}$ [54] (5.14)

$C_4H_9^{\cdot} \xrightarrow{k_6} C_2H_4 + C_2H_5^{\cdot}$; $k_6 = 1{,}6 \cdot 10^{10}\, e^{-\frac{22000}{RT}}$ [52] (5.15)

$C_4H_9^{\cdot} \xrightarrow{k_7} C_4H_8 + H^{\cdot}$; $k_7 = 10^{13}\, e^{-\frac{29000}{RT}}$ [52] (5.16)

$C_3H_7^{\cdot} \xrightarrow{k_8} C_3H_6 + H^{\cdot}$; $k_8 = 10^{14}\, e^{-\frac{46000}{RT}}$ [52] (5.17)

$C_3H_7^{\cdot} \xrightarrow{k_9} C_2H_4 + CH_3^{\cdot}$; $k_9 = 10^{14}\, e^{-\frac{26000}{RT}}$ [52] (5.18)

$C_2H_5^{\cdot} \xrightarrow{k_{10}} C_2H_4 + H^{\cdot}$; $k_{10} = 3 \cdot 10^{14}\, e^{-\frac{39500}{RT}}$ [52] (5.19)

Geht man davon aus, daß größere Radikale eher zerfallen als daß sie mit einem anderen Partner reagieren, so lassen sich folgende Kettenabbruchreaktionen formulieren:

$C_2H_5^{\cdot} + C_2H_5^{\cdot} \xrightarrow{k_{11a}} n\text{-}C_4H_{10}$; $k_{11a} = 10^{14,2}\, e^{-\frac{2000}{RT}}$ [72] (5.20)

$C_2H_5^{\cdot} + C_2H_5^{\cdot} \xrightarrow{k_{11b}} C_2H_4 + C_2H_6$; $k_{11b} = 10^{14,2}\, e^{-\frac{2000}{RT}}$ [72] (5.21)

$C_2H_5^{\cdot} + CH_3^{\cdot} \xrightarrow{k_{12a}} C_3H_8$; $k_{12a} = 10^{13,6}$ [75] (5.22)

$C_2H_5^{\cdot} + CH_3^{\cdot} \xrightarrow{k_{12b}} C_2H_4 + CH_4$; $k_{12b} = 10^{13,6}$ [75] (5.23)

$C_2H_5^{\cdot} + H^{\cdot} \xrightarrow{k_{13a}} C_2H_6$; $k_{13a} = 10^{13,6}$ [75] (5.24)

$C_2H_5^{\cdot} + H^{\cdot} \xrightarrow{k_{13b}} C_2H_4 + H_2$; $k_{13b} = 10^{13,6}$ [75] (5.25)

$CH_3^{\cdot} + CH_3^{\cdot} \xrightarrow{k_{14}} C_2H_6$; $(k_{14} = 10^{13,6})$ [20] (5.26)

$CH_3^{\cdot} + H^{\cdot} \xrightarrow{k_{15}} CH_4$; $k_{15} = 10^{13,6}$ [75] (5.27)

$H^{\cdot} + H^{\cdot} + M \xrightarrow{k_{16}} H_2$; $k_{16} = 10^{16}$ (bei $1000\,°K$) [76] (5.28)

Weitere Abbruchsreaktionen sind möglich, jedoch haben sie hier keine Bedeutung. Auch die Wandreaktionen werden vernachlässigt, da der Durchmesser des verchromten Rohres relativ groß war (vgl. [53]).

Bei höheren Temperaturen kann der Anteil sekundärer Reaktionen eine Rolle spielen. Deshalb sollen hier einige für eine Betrachtung und Prüfung wichtige Beispiele zusammengestellt werden:

$$C_2H_6 + CH_3^{\cdot} \xrightarrow{k_{17}} CH_4 + C_2H_5^{\cdot}; \quad k_{17} = 10^{12,8} e^{-\frac{14500}{RT}} \qquad [75] \quad (5.29)$$

$$C_2H_6 + H^{\cdot} \xrightarrow{k_{18}} H_2 + C_2H_5^{\cdot}; \quad k_{18} = 10^{12,3} e^{-\frac{6200}{RT}} \qquad [75] \quad (5.30)$$

$$C_3H_6 + CH_3^{\cdot} \xrightarrow{k_{19}} C_4H_9^{\cdot}; \quad k_{19} = 10^{13} e^{-\frac{5000}{RT}} \qquad [52] \quad (5.31)$$

$$C_3H_6 + H^{\cdot} \xrightarrow{k_{20}} C_3H_7^{\cdot}; \quad k_{20} = 10^{11} e^{-\frac{5000}{RT}} \qquad [52] \quad (5.32)$$

$$C_2H_4 + C_2H_5^{\cdot} \xrightarrow{k_{21}} C_4H_9^{\cdot}; \quad k_{21} = 10^{13} e^{-\frac{7000}{RT}} \qquad (5.33)$$

$$C_2H_4 + CH_3^{\cdot} \xrightarrow{k_{22}} C_3H_7^{\cdot}; \quad k_{22} = 10^{13} e^{-\frac{7000}{RT}} \qquad [20] \quad (5.34)$$

$$C_2H_4 + H^{\cdot} \xrightarrow{k_{23}} C_2H_5^{\cdot}; \quad k_{23} = 10^{11} e^{-\frac{14000}{RT}} \qquad [20] \quad (5.35)$$

Das Schema der sekundären Reaktionen könnte noch wesentlich erweitert werden. Unter den gegebenen Versuchsbedingungen sind weitere Reaktionen jedoch von geringer Bedeutung. Zum Beispiel sind die Aktivierungsenergien für den Zerfall von C_2H_6 und C_2H_4 zu hoch, als daß der Anteil an der Zersetzung hier irgendwie von Bedeutung wäre. CH_4 ist relativ stabil. Deshalb braucht seine Zersetzung hier nicht berücksichtigt zu werden.

Die qualitative Betrachtung des hier aufgeführten Reaktionsmechanismus in Verbindung mit quantitativen Überlegungen bestätigt die Versuchsergebnisse. Die Bildung der oben aufgeführten Reaktionsprodukte ist damit erklärt. Selbst das in Spuren anzutreffende Propan wird durch die Abbruchreaktion (5.22) berücksichtigt.

Einen Überblick über den Verlauf der einzelnen Reaktionen in dem hier gewählten Temperaturbereich unter Voraussetzung konstanter kinetischer Daten gibt die Abb. 5.9. Es wird deutlich, daß der Anteil der Startreaktionen beim Zerfall des n-C_4H_{10} im Bereich höherer Temperaturen immer größer wird und nicht mehr – wie sonst üblich – vernachlässigt werden kann. Für die Zersetzung des n-Butans läßt sich somit formulieren:

$$\frac{-d[n\text{-}C_4H_{10}]}{dt} = (k_{1a} + k_{1b} + k_{1c} + k_2 [C_2H_5^{\cdot}] + k_3 [CH_3^{\cdot}] + k_4 [H^{\cdot}]) [n\text{-}C_4H_{10}]$$
$$- k_{11a} [C_2H_5^{\cdot}]^2 \qquad (5.36)$$

Wie die Startreaktionen so wird auch der monomolekulare Zerfall der Alkylradikale durch die Temperaturerhöhung sehr begünstigt. Besonders der Zerfall des Äthylradikals [Gl. (5.19)] mit seiner relativ hohen Aktivierungsenergie wird beschleunigt, womit die Zunahme des Äthylens erklärt ist. Die Änderung der Geschwindigkeitskonstanten der bimolekularen Reaktionen (5.11) bis (5.13) ist im Vergleich dazu nur gering. Dadurch geht der Anteil des bimolekular gebildeten Äthans mit steigender Temperatur zurück, was durch die Versuchsergebnisse bestätigt wird.

Während die Versuche – wie schon erwähnt – gezeigt haben, daß Argon als Stoßpartner keinen Einfluß auf die Reaktion hat [71], so fordert das hier aufgeführte Reaktionsschema, daß durch hohe Inertgasverdünnung bei Abnahme des Partialdruckes des n-Butans die bimolekularen Reaktionen zurückgedrängt werden, während die monomolekularen Zerfallsreaktionen unbeeinflußt bleiben. Für die Kettenfortpflanzung hat also die Verdünnung durch ein Inertgas den gleichen Effekt wie die Erhöhung der Temperatur.

Auch die Bedeutung der Abbruchreaktionen sowie der sekundären Reaktionen geht mit steigender Temperatur zurück.

Die Versuche bestätigen diese qualitativen Betrachtungen und zeigen, daß das angenommene Reaktionsschema zutreffend ist. Die Ergebnisse deuten weiter darauf hin, daß molekulare Prozesse [56], [69] wie etwa

$$CH_3 \cdot CH_2 \cdot CH_2 \cdot CH_3 \rightarrow CH_4 + CH_2 : CH \cdot CH_3 \qquad (5.37)$$

oder

$$CH_3 \cdot CH_2 \cdot CH_2 \cdot CH_3 \rightarrow C_2H_6 + CH_2 : CH_2 \qquad (5.38)$$

eine untergeordnete Rolle spielen. Mit den Gl. (5.37) und (5.38) sind die gemessenen Veränderungen der Anteile der Reaktionsprodukte nicht zu erklären. Besonders die Zunahme des Äthylens und der Rückgang des Äthananteils bei hohen Temperaturen zeigen, daß die Reaktionen (5.37) und (5.38) zu vernachlässigen sind.

Während die qualitativen Betrachtungen die Ergebnisse bestätigen, bleibt zu prüfen, ob der angenommene Mechanismus auch quantitativ richtige Aussagen liefert, die mit den Versuchsergebnissen in Einklang stehen. Dabei ist in erster Linie zu klären, ob die Gesamtreaktion wirklich nach einem Gesetz 1. Ordnung abläuft. Geht man davon aus, daß der Beitrag der sekundären Reaktionen vernachlässigbar ist – es handelt sich um bimolekulare Reaktionen bei geringer Konzentration der Partner – und nimmt als Abbruchreaktion nur die Rekombination des Äthylradikals an, so läßt sich das Gleichungssystem (5.36) bis (5.43) aufstellen:

$$-\frac{d[n\text{-}C_4H_{10}]}{dt} = (k_{1a} + k_{1b} + k_{1c} + k_2 [C_2H_5^\cdot] + k_3 [CH_3^\cdot] + k_4 [H^\cdot])[n\text{-}C_4H_{10}]$$
$$- k_{11a} (C_2H_5^\cdot)^2 \qquad (5.36)$$

$$\frac{d[C_2H_5^\cdot]}{dt} = 2 k_{1a} [n\text{-}C_4H_{10}] - k_2 [n\text{-}C_4H_{10}] [C_2H_5^\cdot] + k_6 [C_4H_9^\cdot] - k_{10} [C_2H_5^\cdot]$$
$$- (k_{11a} + k_{11b}) [C_2H_5^\cdot]^2 \qquad (5.39)$$

$$\frac{d[CH_3^\cdot]}{dt} = k_{1b} [n\text{-}C_4H_{10}] - k_3 [n\text{-}C_4H_{10}] [CH_3^\cdot] + k_5 [C_4H_9^\cdot] + k_9 [C_3H_7^\cdot] \qquad (5.40)$$

$$\frac{d[H^\cdot]}{dt} = k_{1c} [n\text{-}C_4H_{10}] - k_4 [n\text{-}C_4H_{10}] [H^\cdot] + k_7 [C_4H_9^\cdot] + k_8 [C_3H_7^\cdot] + k_{10} [C_2H_5^\cdot]$$
$$\qquad (5.41)$$

$$\frac{d[C_3H_7^\cdot]}{dt} = k_{1b} [n\text{-}C_4H_{10}] - k_8 [C_3H_7^\cdot] - k_9 [C_3H_7^\cdot] \qquad (5.42)$$

$$\frac{d[C_4H_9^\cdot]}{dt} = k_{1c}[n\text{-}C_4H_{10}] + k_2 [C_2H_5^\cdot] [n\text{-}C_4H_{10}] + k_3 [n\text{-}C_4H_{10}] [CH_3^\cdot]$$
$$+ k_4 [C_4H_{10}] [H^\cdot] - k_5 [C_4H_9^\cdot] - k_6 [C_4H_9^\cdot] - k_7 [C_4H_9^\cdot] \qquad (5.43)$$

Obwohl dieses Gleichungssystem gekoppelter nicht linearer Differentialgleichungen unter den erwähnten vereinfachten Bedingungen aufgestellt wurde, ist eine geschlossene analytische Lösung sehr schwierig. Die numerische Integration bereitet dagegen im Prinzip keine Schwierigkeiten. Die kinetischen Daten sind jedoch – wie schon angedeutet – zu ungenau, um Schlüsse aus einer schrittweisen Berechnung mit Hilfe eines schnellen Digitalrechners ziehen zu können. Mit der Annahme der Quasi-Stationärität läßt sich aber eine analytische Lösung ermitteln.

Die Konzentrationen der Radikale ergeben sich dann zu:

$$[C_2H_5^\cdot] = \sqrt{\frac{2\,k_{1a} + 2\,k_{1b} + 2\,k_{1c}}{k_{11a} + k_{11b}}}\;[n\text{-}C_4H_{10}]^{1/2} \tag{5.44}$$

$$[C_4H_9^\cdot] = \frac{(2\,k_{1b} + 2\,k_{1c})}{k_6}\,[n\text{-}C_4H_{10}] + \frac{k_{10} + k_2\,[n\text{-}C_4H_{10}]}{k_6}\,.$$

$$\sqrt{\frac{2\,k_{1a} + 2\,k_{1b} + 2\,k_{1c}}{k_{11a} + k_{11b}}}\;[n\text{-}C_4H_{10}]^{1/2} \tag{5.45}$$

$$[CH_3^\cdot] = \frac{k_{1b}}{k_3} + \frac{k_5}{k_3 k_6}(2\,k_{1b} + 2\,k_{1c}) + \frac{k_8 k_{1b}}{k_3(k_8 + k_9)}$$

$$+ \frac{k_5}{k_3 k_6}\left(\frac{k_{10}}{[n\text{-}C_4H_{10}]} + k_2\right)\sqrt{\frac{2\,k_{1a} + 2\,k_{1b} + 2\,k_{1c}}{k_{11a} + k_{11b}}}\;[n\text{-}C_4H_{10}]^{\frac{1}{2}} \tag{5.46}$$

$$[H^\cdot] = \frac{k_{1c}}{k_4} + \frac{k_7}{k_6 k_4}(2\,k_{1b} + 2\,k_{1c}) + \frac{k_{1b} k_8}{(k_8 + k_9) k_4}$$

$$+ \frac{k_7 k_2}{k_6 k_4}\sqrt{\frac{2\,k_{1a} + 2\,k_{1b} + 2\,k_{1c}}{k_{11a} + k_{11b}}}\;[n\text{-}C_4H_{10}]^{\frac{1}{2}} \tag{5.47}$$

$$+ \frac{k_{10}}{k_4}\left(1 + \frac{k_7}{k_6}\right)\sqrt{\frac{2\,k_{1a} + 2\,k_{1b} + 2\,k_{1c}}{k_{11a} + k_{11b}}}\;[n\text{-}C_4H_{10}]^{-\frac{1}{2}}$$

Mit der Gl. (5.36) ergibt sich dann für die zeitliche Änderung des n-Butans:

$$\frac{-d\,[n\text{-}C_4H_{10}]}{dt} = \left\{k_{1a} + 3\,k_{1b} + 2\,k_{1c} + \frac{k_5 + k_7}{k_6}(2\,k_{1b} + 2\,k_{1c})\right.$$

$$-\frac{k_{11a}}{k_{11a} + k_{11b}}(2\,k_{1a} + 2\,k_{1b} + 2\,k_{1c})$$

$$+ \sqrt{\frac{2\,k_{1a} + 2\,k_{1b} + 2\,k_{1c}}{k_{11a} + k_{11b}}}\left(1 + \frac{k_5 + k_7}{k_6}\right)(k_2\,[n\text{-}C_4H_{10}]^{\frac{1}{2}} \tag{5.48}$$

$$\left. + k_{10}\,[n\text{-}C_4H_{10}]^{-\frac{1}{2}})\right\}[n\text{-}C_4H_{10}]$$

Die Gleichung beweist, daß die Angabe einer einfachen Ordnung über einen großen Temperaturbereich, der auch tiefe Temperaturen mit einschließt, nicht möglich ist. Diese Tatsache wurde in den bisherigen Arbeiten nicht berücksichtigt.

Ein die Reaktionsordnung stark beeinflussender Schritt ist die Zersetzung des Äthylradikals mit der Geschwindigkeitskonstanten k_{10}. Bei tieferen Temperaturen und nicht zu geringen Konzentrationen ist diese Reaktion vernachlässigbar, so daß man die Reaktionsordnung 3/2 erhält (vgl. auch [54]). Bei Erhöhung der Temperatur und des dadurch bedingten Anstiegs besonders der Geschwindigkeitskonstanten mit hoher Aktivierungsenergie ändert sich der Charakter der Reaktion. Die Radikalkonzentrationen verschieben sich – hier ist besonders das $CH_3^{\cdot}$ zu nennen –, und gleichfalls gewinnen die Startreaktionen an Bedeutung.

Eine schlüssige quantitative Betrachtung kann wegen der Ungenauigkeiten der Geschwindigkeitskonstanten der Elementarschritte nicht gegeben werden, da mögliche Abweichungen von einer Zehnerpotenz einen zu großen Fehler bedeuten.

Der aufgestellte Mechanismus beweist aber, daß mit steigender Temperatur die Ordnung der Gesamtreaktion durch die Zunahme der Geschwindigkeitskonstanten k_{11} und von k_{10} herabgedrückt wird. Die Annahme einer Reaktion erster Ordnung im hier gewählten Temperaturintervall von 950 bis 1500 °K ist damit gerechtfertigt, obwohl die Abschätzungen bei höheren Temperaturen erheblich schwieriger werden und genauere Kenntnisse über die kinetischen Daten der Einzelschritte voraussetzen.

Deutlicher wird die Änderung des Charakters der Reaktion mit der Temperatur noch durch die Lösung der Differentialgleichung (5.48): Nach einer Substitution und nach Integration ergeben sich folgende Lösungen für den zeitlichen Verlauf der n-Butan-Konzentration:

$$[n\text{-}C_4H_{10}] = \left[\frac{\sqrt{D}}{C}\,\text{tg}\left(\arctg\frac{b + c\sqrt{[n\text{-}C_4H_{10}]_0}}{\sqrt{D}} - Dt\right) - \frac{b}{c}\right]^2 \quad \text{für } D > 0 \tag{5.49}$$

$$[n\text{-}C_4H_{10}] = \left[\frac{\sqrt{[n\text{-}C_4H_{10}]_0}\,(1 - bt) - t\,\dfrac{b^2}{c}}{t\,(b + c\sqrt{[n\text{-}C_4H_{10}]_0}) + 1}\right]^2 \quad \text{für } D = 0 \tag{5.50}$$

$$[n\text{-}C_4H_{10}] = \left[\frac{(\sqrt{-D} - b) + (\sqrt{-D} + b)\left(\dfrac{c\sqrt{[n\text{-}C_4H_{10}]_0} + b - \sqrt{-D}}{c\sqrt{[n\text{-}C_4H_{10}]_0} + b + \sqrt{-D}}\,e^{-2t\sqrt{-D}}\right)}{c\left(1 - \dfrac{c\sqrt{[n\text{-}C_4H_{10}]_0} + b - \sqrt{-D}}{c\sqrt{[n\text{-}C_4H_{10}]_0} + b + \sqrt{-D}}\,e^{-2t\sqrt{-D}}\right)}\right]^2$$

für $D < 0$ \hfill (5.51)

Dabei bedeuten:

$[n\text{-}C_4H_{10}]_0 = $ Anfangskonzentration des n-Butans

$$a = \frac{1}{2}\,k_{10}\,\sqrt{\frac{2k_{1a} + 2k_{1b} + 2k_{1c}}{k_{11a} + k_{11b}}}\left(1 + \frac{k_5 + k_7}{k_6}\right)$$

$$b = \frac{1}{4}\left[k_{1a} + 3k_{1b} + 2k_{1c} + \frac{k_5 + k_7}{k_6}(2k_{1b} + 2k_{1c}) - \frac{k_{11a}}{k_{11a} + k_{11b}}\cdot(2k_{1a} + 2k_{1b} + 2k_{1c})\right]$$

$$c = \frac{1}{2}\,k_2\,\sqrt{\frac{2k_{1a} + 2k_{1b} + 2k_{1c}}{k_{11a} + k_{11b}}}\left(1 + \frac{k_5 + k_7}{k_6}\right)$$

$$D = ac - b^2$$

Aus der Temperaturabhängigkeit der Geschwindigkeitskonstanten (Abb. 5.9) läßt sich entnehmen, daß das Verhältnis $\frac{ac}{b^2}$ mit steigender Temperatur kleiner wird, was besonders auf die Zunahme der Geschwindigkeitskonstanten k_{11} zurückzuführen ist. Das bedeutet aber für die Zeitabhängigkeit der n-Butan-Konzentration den Übergang zu einem Exponentialgesetz [Gl. (5.51)]. Es hängt nun von der Größe der einzelnen Geschwindigkeitskonstanten ab, welche genaue Form das Gesetz annimmt. Gl. (5.51) zeigt aber, daß bei hohen Temperaturen der Übergang zu einem einfachen Exponentialgesetz ähnlich dem 1. Ordnung möglich ist, was durch die Versuchsergebnisse bestätigt wird. Auch die Abnahme der Aktivierungsenergie erklärt sich aus Gl. (5.51).

Die genauen Temperaturgrenzen für die Übergänge zu den einzelnen Zeitgesetzen (5.49), (5.50), (5.51) können wegen der fehlenden kinetischen Daten der Einzelschritte der Reaktion nicht festgelegt werden. Die experimentellen Ergebnisse zeigen aber, daß oberhalb 1000°K das Exponentialgesetz dominiert.

6. Zusammenfassung

Das chemische Stoßwellenrohr mit den Möglichkeiten schneller, homogener Aufheizung eines Gasgemisches, unabhängiger Wahl der Temperatur, weitgehender Vermeidung von Wandeinflüssen und hoher Abkühlungsgeschwindigkeit zum Einfrieren der Reaktionsprodukte hat gegenüber den bisher gebräuchlichen Verfahren erhebliche Vorteile zur Untersuchung schneller chemischer Reaktionen bei hohen Temperaturen und Drücken. Dadurch, daß nicht nur eine Komponente verfolgt sondern die gesamte Produktverteilung erhalten wird, ist der Informationswert eines jeden Versuches größer als bei anderen Methoden.

Das hier verwendete Stoßrohr wurde so entwickelt, daß nahezu beliebig hohe Drücke und Temperaturen gewählt werden können. Das gelang mit Hilfe eines neuen Öffnungsmechanismus für die Diaphragmen, mit dem die Öffnungszeit selbst für starke Metallmembranen auf etwa 80 μsec reproduzierbar wird. Da durch die neue Anordnung die Verwendung beliebiger Gaskombinationen möglich wird, läßt sich die Bedingung der angepaßten Mediengrenze leichter erfüllen. Nebeneffekte werden durch die Anpassung vermieden, und die Reaktionszeit kann sehr genau bestimmt werden.

Bei der Untersuchung der thermischen Zersetzung der Alkane niederen Molekulargewichtes bildet die Pyrolyse des n-Butans, das von großem Interesse auch im Verhältnis zu seinen Isomeren ist, insofern eine Ausnahme, als selbst in den bisher in einigen Arbeiten untersuchten tieferen Temperaturbereichen die Ergebnisse stärker differieren als bei den vor ihm in der homologen Reihe stehenden Paraffinen. Das Verhalten bei hohen Temperaturen war bisher weitgehend unbekannt.

Um einen Anschluß an bisherige Arbeiten bei tieferen Temperaturen zu ermöglichen, wurden die Versuche bei relativ niedrigen Temperaturen von etwa 900°K begonnen und dann bis auf ungefähr 1500°K ausgedehnt.

Für die Gesamtreaktion ergab sich eine Reaktion 1. Ordnung. Mit diesem Ergebnis ließ sich Gl. (5.1) für die Geschwindigkeitskonstante bei hohen Temperaturen ermitteln. Die Werte für die Aktivierungsenergie und den Frequenzfaktor liegen beträchtlich unter dem in der Literatur am häufigsten zu findenden, der bei tiefen Temperaturen bestimmt wurde.

Die überaus starke Zunahme der Olefine in den Reaktionsprodukten und die Abnahme des Äthans bei hohen Temperaturen finden ihre Erklärung in dem aufgestellten Kettenmechanismus. Die Erhöhung der Temperatur begünstigt den monomolekularen Zerfall der Alkylradikale, während der Anteil der bimolekularen Reaktionen zurückgedrängt wird. Direkte molekulare Prozesse spielen eine untergeordnete Rolle, wie die Versuchsergebnisse beweisen. Oberhalb 300 Torr ist eine Veränderung der Reaktion durch Druckerhöhung nicht mehr festzustellen. Auch der Einfluß von Argon als Stoßpartner auf die Reaktion wurde nicht nachgewiesen, was mit Beobachtungen bei anderen Versuchen übereinstimmt.

Der Übergang der Reaktion zu einer Reaktion 1. Ordnung und die Änderung der Aktivierungsenergie der Gesamtreaktion unter den gegebenen Versuchsbedingungen erklären sich aus dem aufgestellten Mechanismus und der Lösung des ihn beschreibenden Gleichungssystems. Durch den Verzicht auf bisher übliche Vernachlässigungen konnten neue Aussagen über die Kinetik – insbesondere die Änderung des Zeitgesetzes mit der Temperatur – und die Bedeutung einzelner Schritte der Reaktion gewonnen werden. Damit wurde der Nachweis erbracht, daß bisher übliche Extrapolationen der kinetischen Daten der Gesamtreaktion zu höheren Temperaturen nicht zulässig sind.

Dadurch, daß die experimentellen Untersuchungen der thermischen Zersetzung des n-Butans auf hohe Temperaturen ausgedehnt wurden und durch die Erweiterung der Theorie ist es also gelungen, das Verhalten dieses Alkans und seiner Zersetzungsprodukte qualitativ und quantitativ über einen großen Temperaturbereich zu verfolgen und einige Besonderheiten der Kinetik der Zersetzung zu erfassen. Die Ergebnisse dürften nicht nur von erheblicher praktischer Bedeutung, sondern auch im Hinblick auf die Untersuchung des Verhaltens höherer Alkane von theoretischem Interesse sein.

7. Literaturverzeichnis

[1] PENNER, S. S., Chemistry Problems in Jet Propulsion. Pergamon Press 1957.
[2] PREHN, H., Untersuchung der Reaktionsvorgänge und des Selbstzündungsverhaltens von Kohlenwasserstoff–Luft- und -Sauerstoff-Gasmischungen in Temperaturbereichen oberhalb 1000° K. Dissertation, TH Aachen 1966.
[3] HARDIE, D., Acetylene. Manufacture and Uses. Oxford University Press, London 1965.
[4] ASINGER, F., Chemie und Technologie der Monoolefine. Akademie-Verlag, Berlin 1957.
[5] ASINGER, F., Chemie und Technologie der Paraffin-Kohlenwasserstoffe. Akademie-Verlag, Berlin 1959.
[6] GLICK, H. S., W. SQUIRE und A. HERTZBERG, A new Shock Tube Technique for the Study of High Temperature Gas Phase Reactions. Fifth (International) Symposium on Combustion, Reinhold 1955, 393.
[7] DANIELS, F., J. W. WILLIAMS, P. BENDER, R. A. ALBERTY und C. D. CORNWELL, Experimental Physical Chemistry. McGraw-Hill 1962.
[8] PALMER, W. G., Experimental Physical Chemistry. Cambridge, University Press 1962.
[9] GREENE, E. F., und J. P. TOENNIES, Chemical Reactions in Shock Waves. Academic Press, New York 1964.
[10] GAYDON, A. G., und H. G. WOLFHARD, Flames. Chapman & Hall 1953.
[11] KUPPERMANN, A., und M. BURTON, Decomposition of n-Butane in an Electric Discharge. Radiation Research 10, 6, 1959.

[12] Schultz-Grunow, F., und G. Adomeit, The Shock Tube Technique Applied to the Study of Combustion. Experimental Methods in Combustion Research, Section 2.12, Shock Tubes, AGARD 1961.
[13] Frost, A. A., und R. G. Pearson, Kinetik und Mechanismen homogener chemischer Reaktionen. Verlag Chemie GmbH, Weinheim/Bergstraße 1964.
[14] Ulich, H., und W. Jost, Kurzes Lehrbuch der physikalischen Chemie. Dr. Dietrich Steinkopf, Darmstadt 1955.
[15] Moore, W. J., Physical Chemistry. Longmans 1963.
[16] Lewis, B., und G. von Elbe, Combustion, Flames and Explosions of Gases. Academie Press, New York 1961.
[17] Laidler, K. J., Chemical Kinetics. McGraw-Hill 1965.
[18] Cottrell, T. L., The Strength of Chemical Bonds. Butterworth 1958.
[19] Semjonow, N. N., Einige Probleme der chemischen Kinetik und Reaktionsfähigkeit. Akademie-Verlag, Berlin 1961.
[20] Steacie, E. W. R., Atomic and Free Radical Reactions I, II. Reinhold 1954.
[21] Slater, N. B., Theory of Unimolecular Reactions. Cornell University Press 1959.
[22] Trotman-Dickenson, A. F., Gas Kinetics. Butterworth 1955.
[23] Becker, R., Theorie der Wärme. Springer 1964.
[24] Schultz-Grunow, F., Nichtstationäre eindimensionale Gasbewegung. Forsch. Ing.-Wes. 13, 1942.
[25] Gaydon, A. G., und I. R. Hurle, The Shock Tube in High-Temperature Chemical Physics. Chapman & Hall 1963.
[26] Bradley, J. F., Shock Waves in Chemistry and Physics. Methuen & Co., London 1962.
[27] Liepman, H. W., und A. Roshko, Elements of Gasdynamics. John Wiley & Sons 1962.
[28] Rossini, F. D., u. a., Selected Values of Physical and Thermodynamic Properties of Hydrocarbons and Related Compounds. Carnegie Press 1953.
[29] Hilsenrath, J., u. a., Tables of Thermodynamic and Transport Properties. Pergamon Press 1960.
[30] Oertel, H., Stoßrohre. Springer 1966.
[31] Poggi, L., The Reflection of »Rectilinear« Waves in One-Dimensional Gas Flows. J. Aeron. Sc. 17 (1950), 813–815.
[32] Palmer, H. B., und B. E. Knox, Contact Surface Tailoring in a Chemical Shock Tube. ARS-Journ. 31. 1. (1961), 826–828.
[33] Hall, J. G., und A. L. Russo, Simplification of the Shock-Tube Equation. AIAA Journ. 4,4 (April 1963), 962–963.
[34] Lifshitz, A., S. H. Bauer und E. L. Resler, Studies with a Single-Pulse Shock Tube. I. The Cis-Trans Isomerization of Butene-2. J. Chem. Phys. 38, 9 (1963), 2056–2063.
[35] Tschuikow-Roux, E., Reaction Dwell Time and Cooling Rate in a Single-Pulse Shock Tube. Phys. of Fluids 8, 5 (1965), 821–825.
[36] Wölk, R., Untersuchung von piezoelektrischen Drucksonden mit Hilfe von Stoßwellen. Diplomarbeit, TH Aachen 1966.
[37] Beylich, A., Konstruktion eines Stoßwellenrohres einschließlich der Untersuchung eines neuwertigen Öffnungsmechanismus für die Membran. Diplomarbeit, TH Aachen 1964.
[38] Nash, C. P., und C. W. Olsen, Factors Affecting the Time to Burst in Exploding Wires; vgl. [39,2].
[39] Chace, W. G., und H. K. Moore, Exploding Wires 1 (1959), 2 (1962), 3 (1964). Plenum Press, New York.
[40] Bennet, F. D., Exploding Wires. Scientific America, 206,5 (1962), 103.
[41] Drewry, J. E., und Z. A. Walenta, Determination of Diaphragm Opening Times and Use of Diaphragm Particle Traps in a Hypersonic Shock Tube. UTIAS Technical Note No. 90, June 1965.
[42] Alfs, A., Elektronisch gesteuerte Blitzlicht-Apparatur für Kurzzeit-Fotografie. Diplomarbeit, TH Aachen 1963.
[43] Kaiser, R., Chromatographie in der Gasphase I, II, III, IV. Hochschultaschenbücher Mannheim, Bibliographisches Inst.

[44] BAYER, E., Gas-Chromatographie. Springer 1962.
[45] KEULEMANS, A. I. M., Gas-Chromatography. Reinhold, New York 1960.
[46] Symposium über Gas-Chromatographie 1958 ff. Akademie-Verlag, Berlin.
[47] Bedienungsanleitungen und laufende Prospekte der Firmen Bodenseewerk Perkin-Elmer & Co. GmbH, Beckmann Instruments GmbH, Warner-Chilcott Laboratories Instruments Division.
[48] VANGO, S. P., Gas Handling Apparatus for Gaschromatography. Jet Propulsion Lab., Cal. Institute Techn., Pasadena, Chemist-Analyst, 52 (1953), 53.
[49] GLICK, H. S., Shock Tube Studies of Reaction Kinetics of Aliphatic Hydrocarbons. 7th Symp. (International) on Combustion, Butterworths, London 1958, 98.
[50] ANDREWS, A. J., und L. W. POLLOCK, Tube by Tube Design of Light Hydrocarbon Cracking Furnaces Using a Digital Computer. Ind. Eng. Chem. 51 (1959), 125.
[51] CALDERBANK, P. H., Some Problems in the Design of Light Hydrocarbon Pyrolyses Coils. Chem. Eng. Progr. 50, Symp. Ser. No. 9, 53 (1954).
[52] WANG, Y.-L., R. G. RINKER und W. H. CORCORAN, Kinetics and Mechanism of the Thermal Decomposition of n-Butane. Ind. Eng. Chem. Fundamentals 2,3 (1963), 161.
[53] SANDLER, S., und Y.-H. CHUNG, High-Temperature Pyrolysis of n-Butane. Ind. Eng. Chem. 53,5 (1961), 391.
[54] SAGERT, N. H., und K. J. LAIDLER, Kinetics and Mechanism of the Pyrolysis of n-Butane. Can. Journ. Chem. 41,1 (1963), I, 838; II, 848.
[55] PURNELL, J. H., und C. P. QUINN, The Pyrolysis of n-Butane. Proc. Roy. Soc. 270 (1962), 267.
[56] PURNELL, J. H., und C. P. QUINN, Decomposition of the Ethyl Radical and the Mechanism of the Pyrolysis of n-Butane. Can. Journ. Chem. 43,1 (1965), 721.
[57] STEACIE, E. W. R., und I. E. PUDDINGTON, The Kinetics of the Decomposition Reactions of the Lower Paraffins. I. n-Butane. Can. J. Research 16 B (1938), 176.
[58] SCHULTZE, G. R., und K. L. MÜLLER, Beitrag zur Kenntnis der Primärvorgänge bei der thermischen Spaltung des Butans. Öl und Kohle 12 (1936), 176.
[59] BADGER, G. M., Pyrolysis of Hydrocarbons. Progr. Phys. Org. Chem. 3 (1965), 1.
[60] PAUL, R. E., und L. F. MAREK, Primary Thermal Dissociation. Velocity Constants for Propane, n-Butane and Isobutane. Ind. Eng. Chem. 26 (1934), 454.
[61] FREY, F. E., und H. J. HEPP, Thermal Decomposition of Simple Paraffins. Ind. Eng. Chem. 25 (1933), 441.
[62] PEASE, R. N., und E. S. DURGAN, The Kinetics of the Thermal Dissociation of Propane and the Butanes. J. Am. Chem. Soc. 52 (1930), 1262.
[63] TROPSCH, H., und G. EGLOFF, High-Temperature Pyrolysis of Gaseous Paraffin Hydrocarbons. Ind. Eng. Chem. 27 (1935).
[64] EGLOFF, G., CH. L. THOMAS und C. B. LINN, Pyrolysis of Propane and the Butanes. Ind. Eng. Chem. 28 (1936), 1283.
[65] CAMBRON, A. und C. H. BAYLEY, Pyrolysis of the Lower Paraffins, II. The Production of Olefins in Baffled Quartz-Tubes. Can. J. Research 9 (1933), 175.
[66] CUNNINGHAM, J., und R. C. ANDERSON, Thermal Decomposition of Butane. Dept. Com., Office Techn. Serv., P. B. Rept. 137539 (1958), Astia Doc. No. AD 148089, AF 18.
[67] CUNNINGHAM, J. A., und F. A. MATSEN, Chemical Kinetics in linear Flow Systems. US Dept. Com., Office Tech. Serv., P. B. Rept. 138148 (1958).
[68] RICE, F. O., The Thermal Decomposition of Organic Compounds from the Standpoint of Free Radicals I. Saturated Hydrocarbons. J. Am. Chem. Soc. 53 (1931), 1959.
[69] STUBBS, F. J., C. N. HINSHELWOOD und K. U. INGOLD, The Kinetics of the Thermal Decomposition of Normal Paraffin Hydrocarbons. I. The Inhibition of Chains and the Nature of the Residual Reaction. Proc. Roy. Soc. A 200 (1950), 458. II. Comparative Measurements on the Series from Propane to n-Decane. Proc. Roy. Soc. A 201 (1950), 18. III. Activation Energies and possible Mechanisms of Molecular Reactions. Proc. Roy. Soc. A 203 (1950), 486.
[70] STUBBS, F. J., und C. N. HINSHELWOOD, The Thermal Decomposition of Hydrocarbons. Disc. Farad. Soc. 1950/51, 129.

[71] Jach, J., und C. N. Hinshelwood, I. Influence of Certain Foreign Gases on the Thermal Decomposition of Paraffins. Proc. Roy. Soc. A 229 (1955), 143. II. Relations to the General Theory of Paraffin Decomposition and of Unimolecular Reactions. Proc. Roy. Soc. A 231 (1955), 145.

[72] Bauer, S. H., Transient Species Generated During the Pyrolyses of Hydrocarbons. 11th Symp. (Intern.) on Combustion, August 1966.

[73] Kuppermann, A., und J. G. Larson, Nonmolecular Nature of Nitric-Oxide-Inhibited Thermal Decomposition of n-Butane. J. Chem. Phys. 33,2 (1960, 4), 1264.

[74] Kuppermann, A., und J. G. Larson, Abstracts of Papers Presented at American Chemical. Society Meeting, Washington DC, 21–24 March 1962. I. Molecular Detachment Processes in the Thermal. Decomposition of n-Butane, p. 23 R. II. Free Radical Processes in the Thermal Decomposition. of n-Butane, p. 24 R.

[75] Skinner, G. B., und W. E. Ball, Shock Tube Experiments on the Pyrolyses of Ethane. J. Phys. Chem. 64,2 (1960).

[76] Eschenroeder, A. Q., und J. A. Lordi, Catalysis of Recombination in Nonequilibrium Nozzle Flow. 9th Symp. (Intern.) on Combustion (1963), 241.

Abbildungsanhang

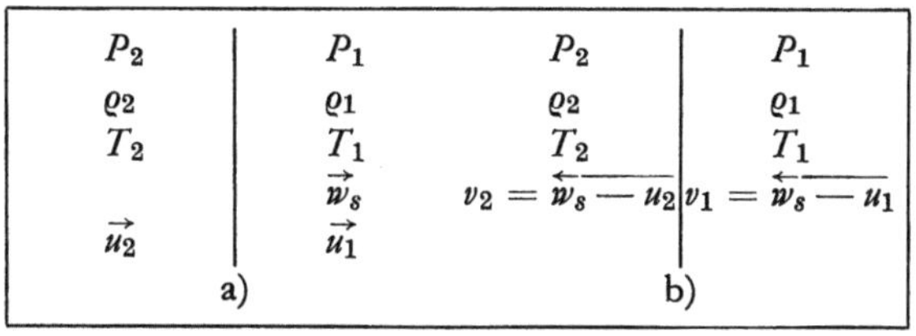

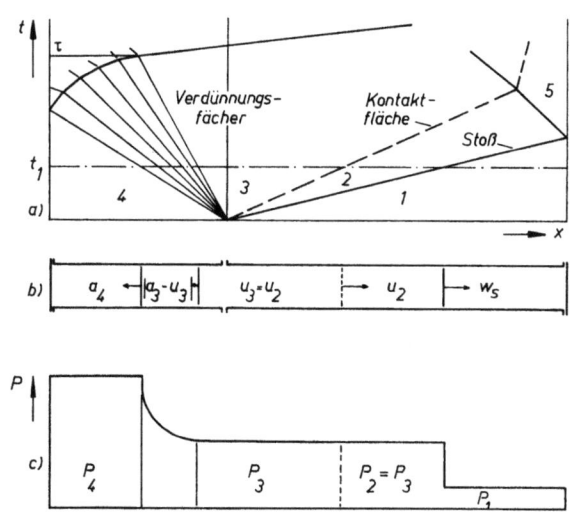

Abb. 3.1 Ableitung der Stoßwellengleichung
  a) Laborsystem
  b) Mit der Stoßwelle bewegtes Koordinatensystem

Abb. 3.2 Strömungsverhältnisse im einfachen Stoßwellenrohr
  a) Weg–Zeit-Diagramm
  b) Geschwindigkeitsverteilung zur Zeit t_1
  c) Druckverteilung zur Zeit t_1

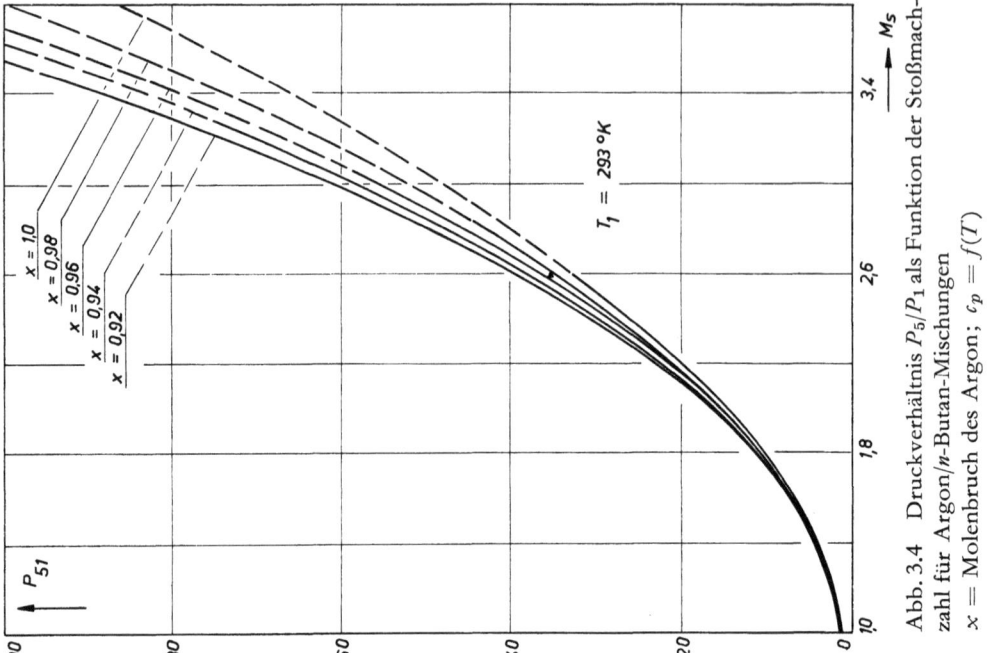

Abb. 3.4 Druckverhältnis P_5/P_1 als Funktion der Stoßmachzahl für Argon/n-Butan-Mischungen
x = Molenbruch des Argon; $c_p = f(T)$

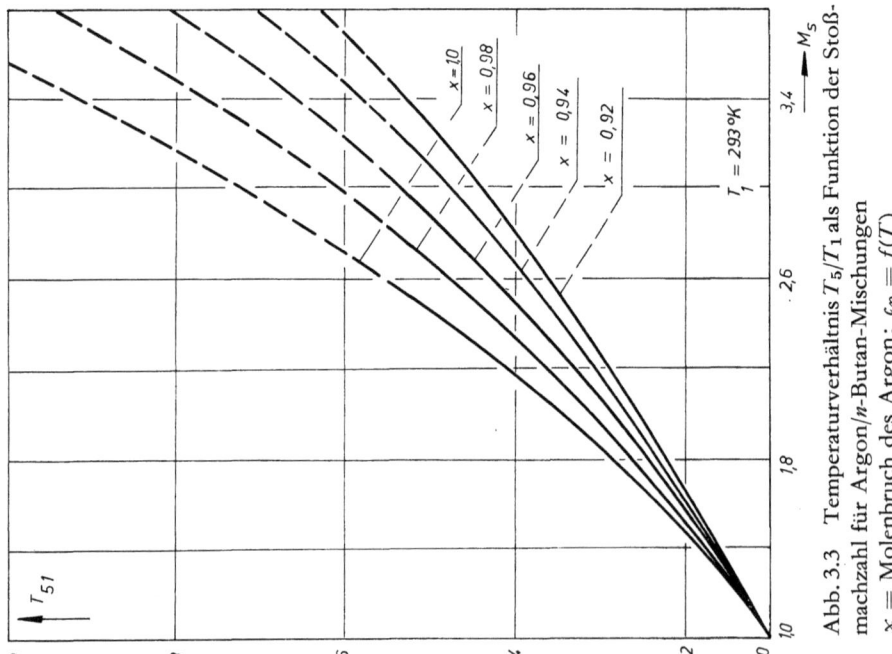

Abb. 3.3 Temperaturverhältnis T_5/T_1 als Funktion der Stoßmachzahl für Argon/n-Butan-Mischungen
x = Molenbruch des Argon; $c_p = f(T)$

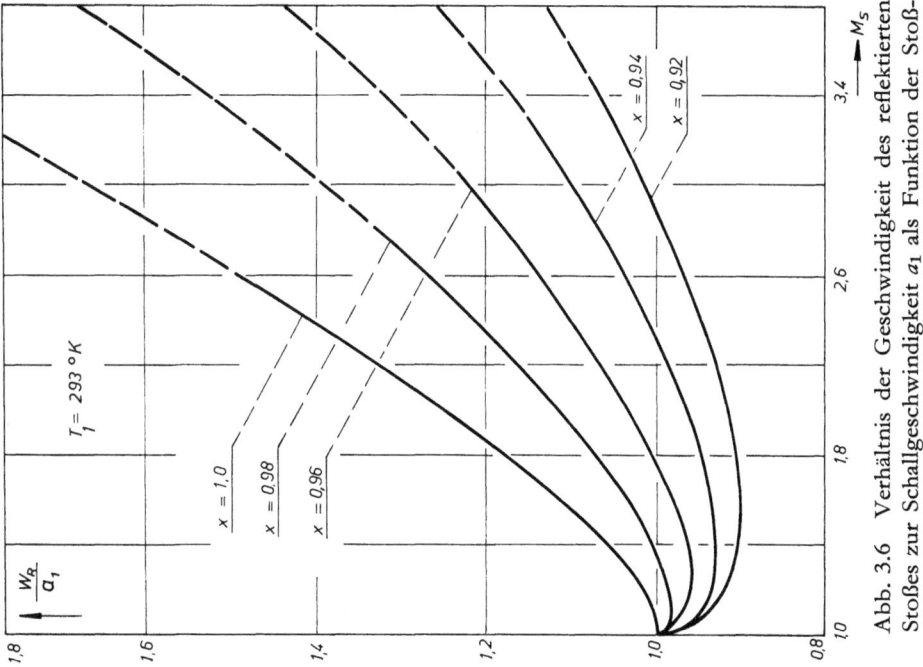

Abb. 3.6 Verhältnis der Geschwindigkeit des reflektierten Stoßes zur Schallgeschwindigkeit a_1 als Funktion der Stoßmachzahl für Argon/n-Butan-Mischungen
x = Molenbruch des Argon; $c_p = f(T)$

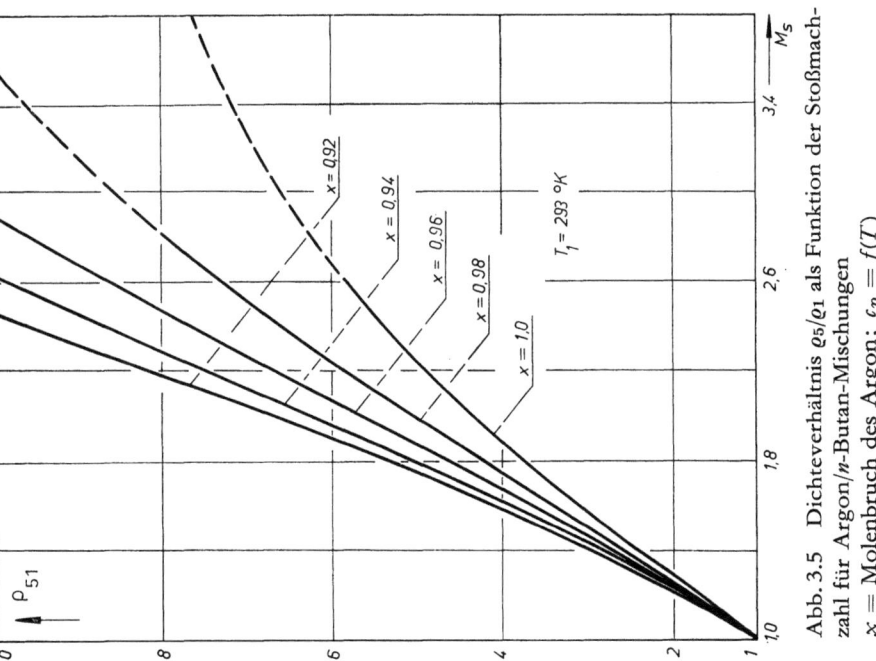

Abb. 3.5 Dichteverhältnis ϱ_5/ϱ_1 als Funktion der Stoßmachzahl für Argon/n-Butan-Mischungen
x = Molenbruch des Argon; $c_p = f(T)$

41

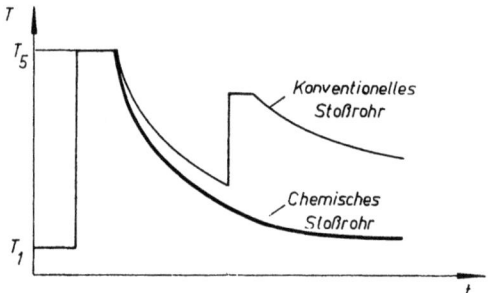

Abb. 3.7   Zeitlicher Temperaturverlauf am Endflansch eines Stoßwellenrohres

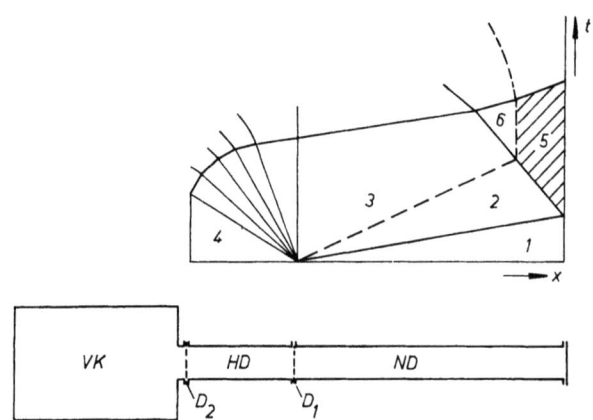

Abb. 3.8   Strömungsverhältnisse im chemischen Stoßwellenrohr

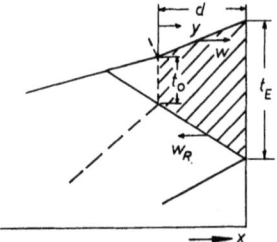

Abb. 3.9   Bestimmung der Aufheizzeit im chemischen Stoßwellenrohr

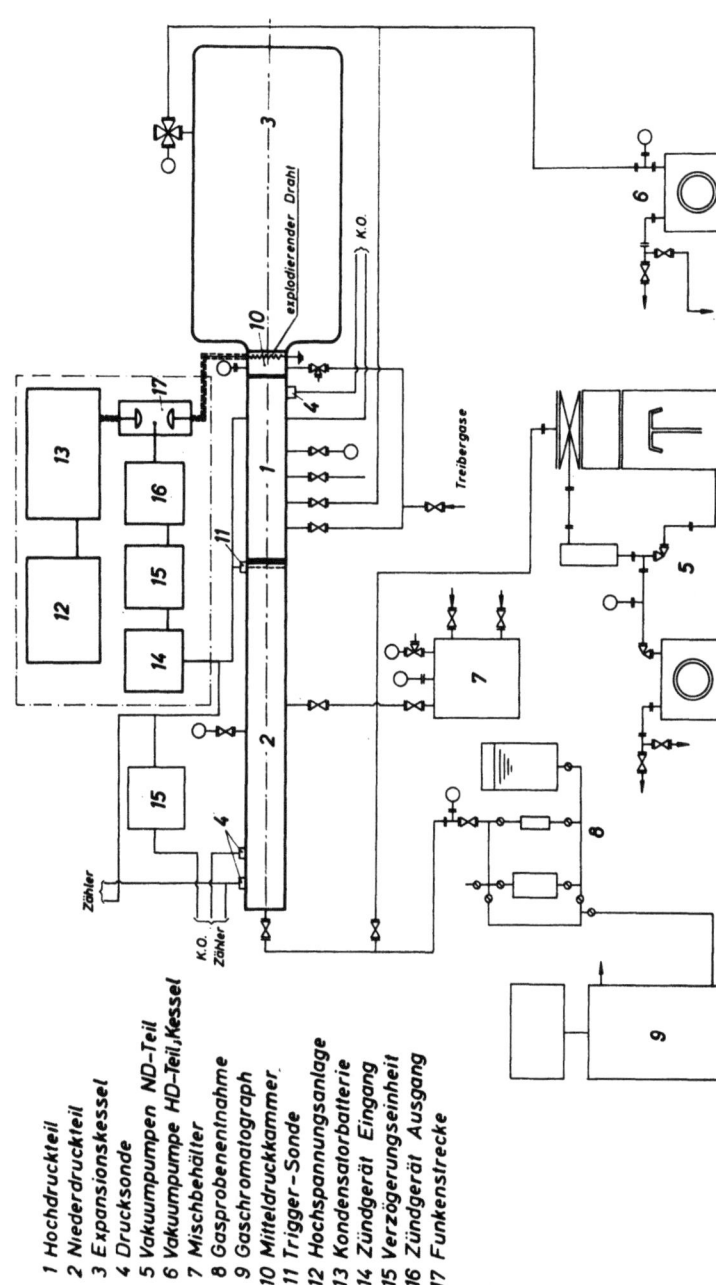

Abb. 4.1 Blockschema der Versuchsanordnung

1 Hochdruckteil
2 Niederdruckteil
3 Expansionskessel
4 Drucksonde
5 Vakuumpumpen ND-Teil
6 Vakuumpumpe HD-Teil, Kessel
7 Mischbehälter
8 Gasprobenentnahme
9 Gaschromatograph
10 Mitteldruckkammer
11 Trigger-Sonde
12 Hochspannungsanlage
13 Kondensatorbatterie
14 Zündgerät Eingang
15 Verzögerungseinheit
16 Zündgerät Ausgang
17 Funkenstrecke

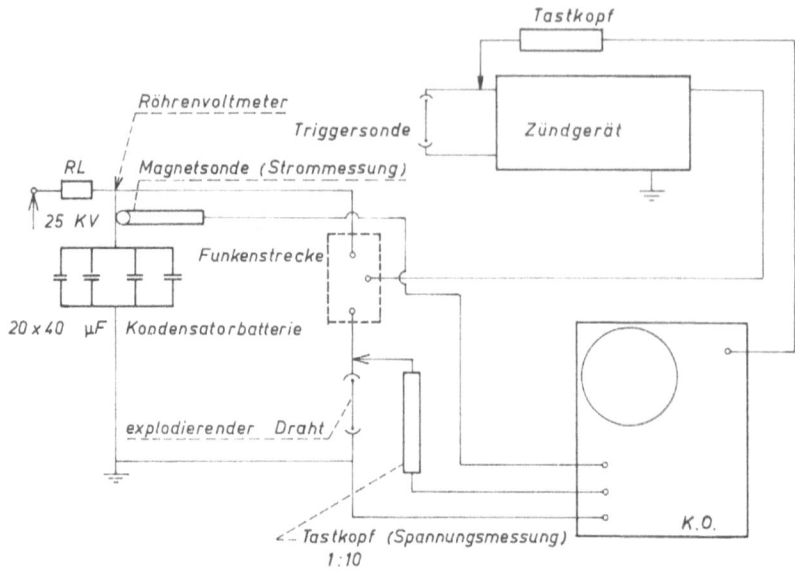

Abb. 4.2 Versuchsaufbau zur Messung von Strom- und Spannungsverlauf bei der Drahtexplosion

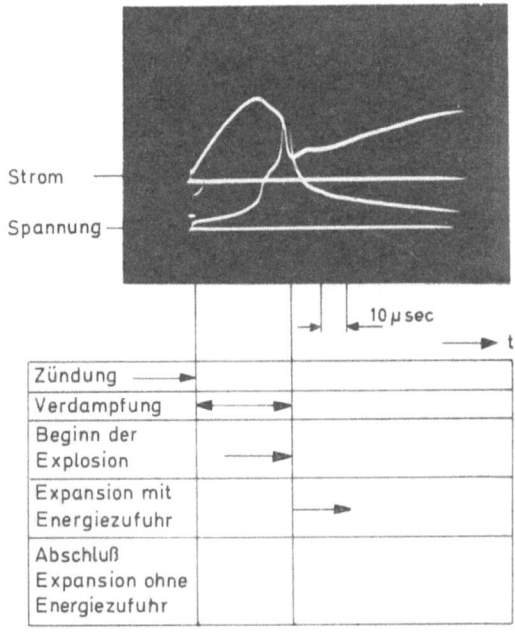

Abb. 4.3 Zeitlicher Strom- und Spannungsverlauf bei der Explosion eines auf eine Membran aufgebrachten Drahtes

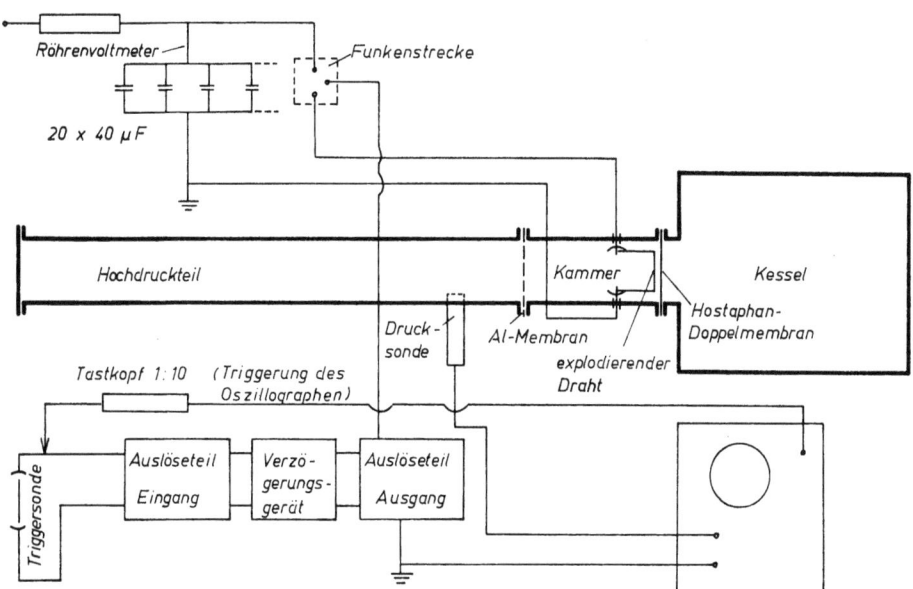

Abb. 4.4 Versuchsanordnung zur Bestimmung der Öffnungszeiten von Membranen

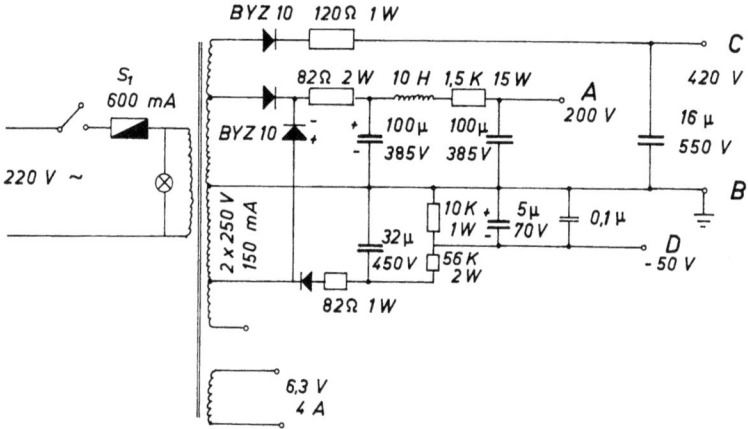

Abb. 4.5 Netzteil des Auslösegerätes zum Zünden der Funkenstrecke

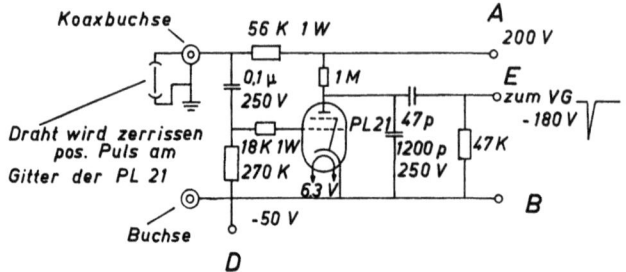

Abb. 4.6 Eingang des Auslösegerätes zum Zünden der Funkenstrecke

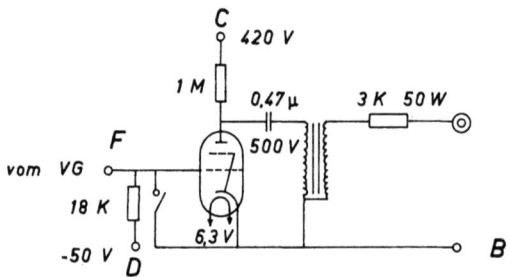

Abb. 4.7 Ausgang des Auslösegerätes zum Zünden der Funkenstrecke

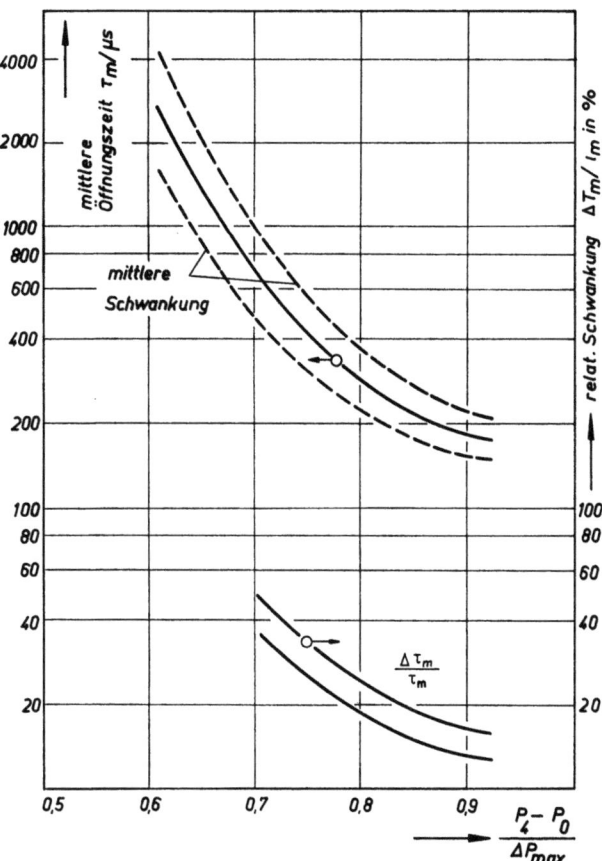

Abb. 4.8 Öffnungszeit von starken Hostaphanmembranen
Stärke: $2 \times 256\ \mu\text{m}$; $\Delta P_{\max} = 25{,}5\ \text{kp/cm}^2$
(vgl. BEYLICH [37])

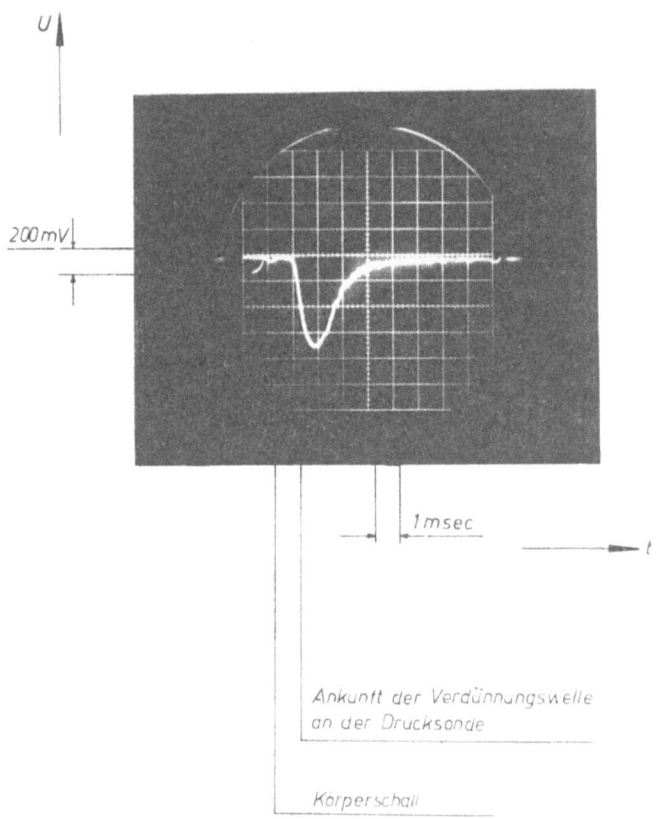

Abb. 4.9 Bestimmung der Öffnungszeiten starker Al-Membranen
mit Hilfe einer Piezo-Drucksonde
Stärke der Al-Membran: 3 mm

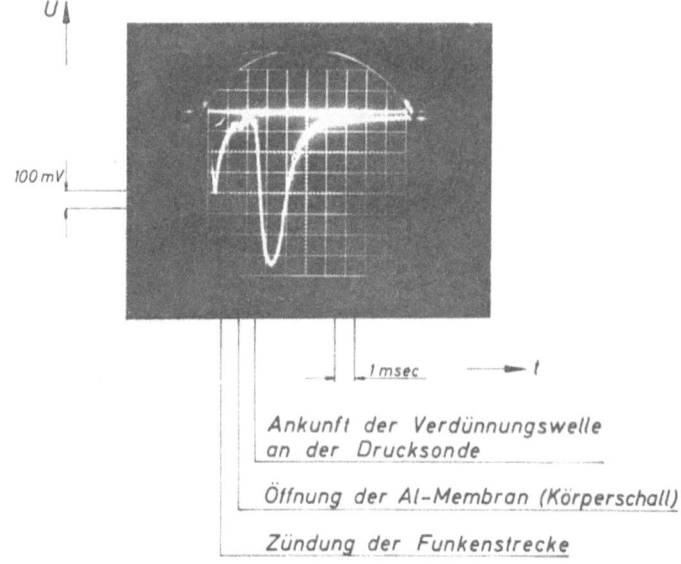

Abb. 4.10 Messung der Öffnungszeiten eines Doppelmembran-Systems
mit Hilfe einer Piezo-Drucksonde
Auslösung des Öffnungsvorganges: explodierender Draht

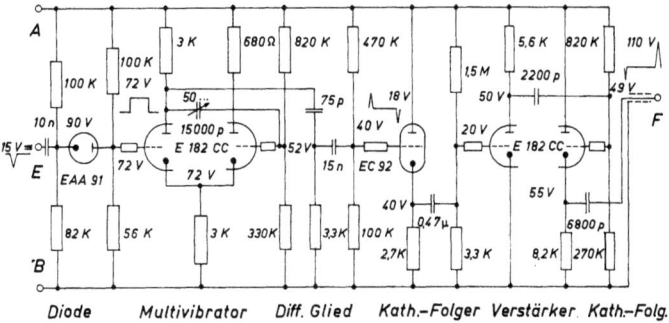

Abb. 4.11 Verzögerungsgerät zum Verzögern des Zündimpulses (vgl. ALFS [42])

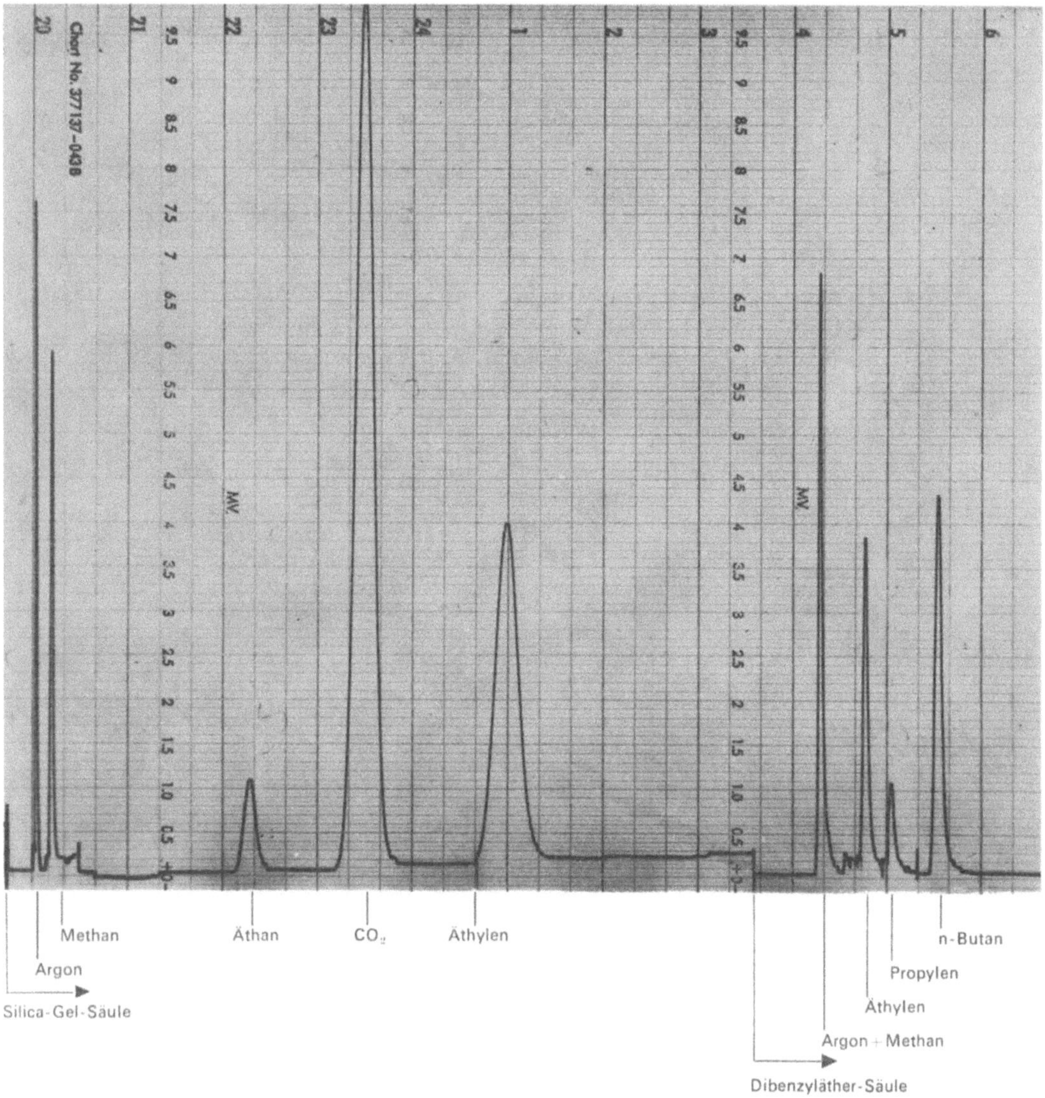

Abb. 4.12 Chromatogramm
Detektor: Wärmeleitfähigkeitszelle; die Empfindlichkeit wurde während der Aufnahme bei den einzelnen Komponenten verändert
Trägergas: Helium
Temperatur: 48°C

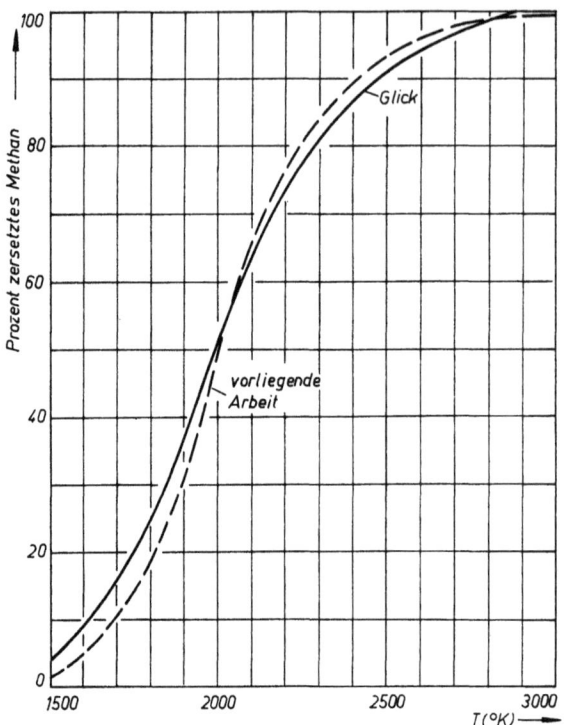

Abb. 5.1 Thermische Zersetzung von Methan
Vergleich der in chemischen Stoßwellenrohren erzielten Ergebnisse
Reaktionszeit: 1 msec, Gesamtdruck: 13 kp/cm², Methankonzentration: 5%

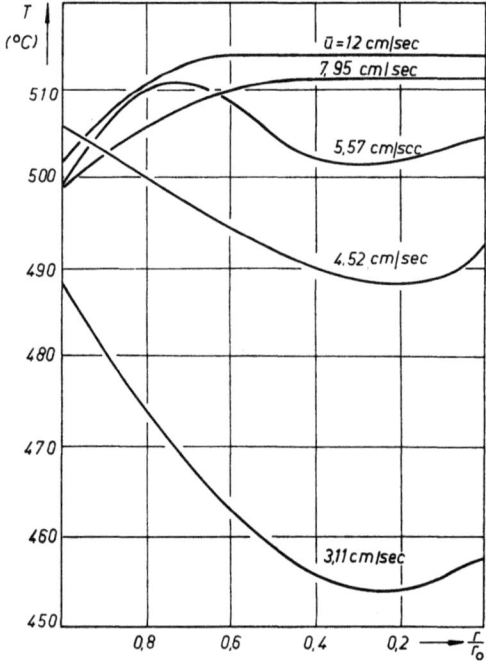

Abb. 5.2 Temperaturprofile in einem Reaktionsrohr bei der n-Butan-Zersetzung
(vgl. WANG, RINKER und CORCORAN [52])
r_0 = Radius des Rohres
u = Strömungsgeschwindigkeit

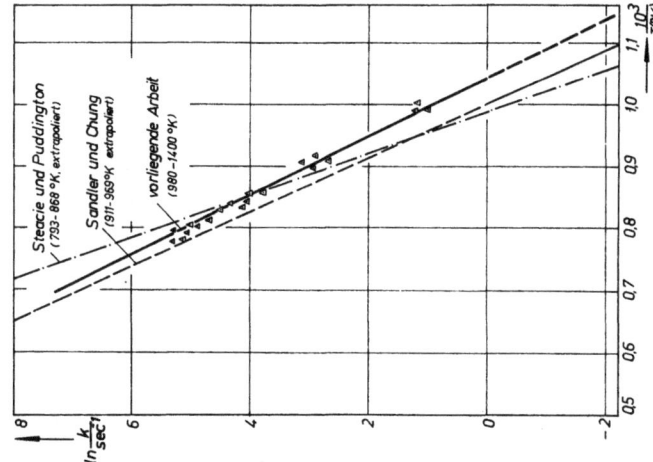

Abb. 5.4 Bei hohen Temperaturen bestimmte Geschwindigkeitskonstante der thermischen Zersetzung von n-Butan im Vergleich mit extrapolierten Werten

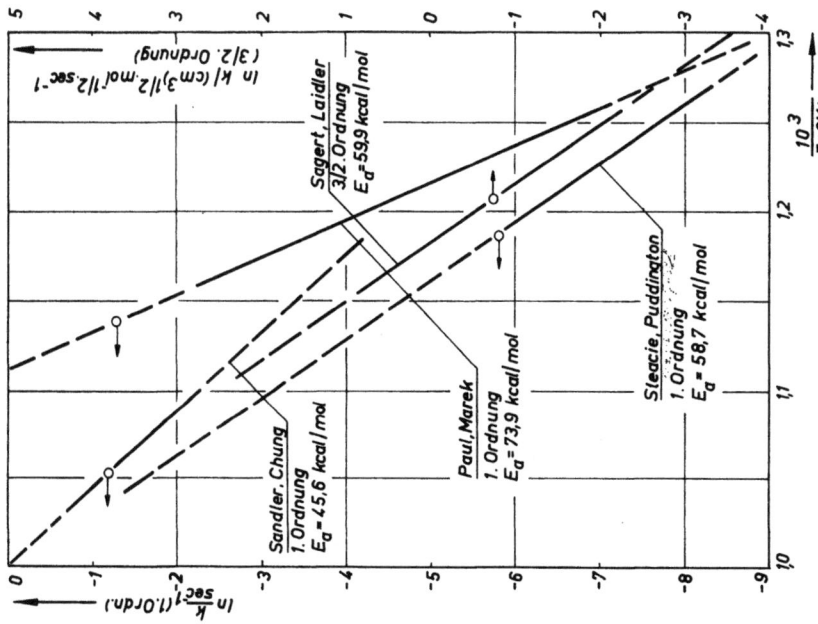

Abb. 5.3 Vergleich der bei tieferen Temperaturen ermittelten Geschwindigkeitskonstanten der thermischen Zersetzung von n-Butan

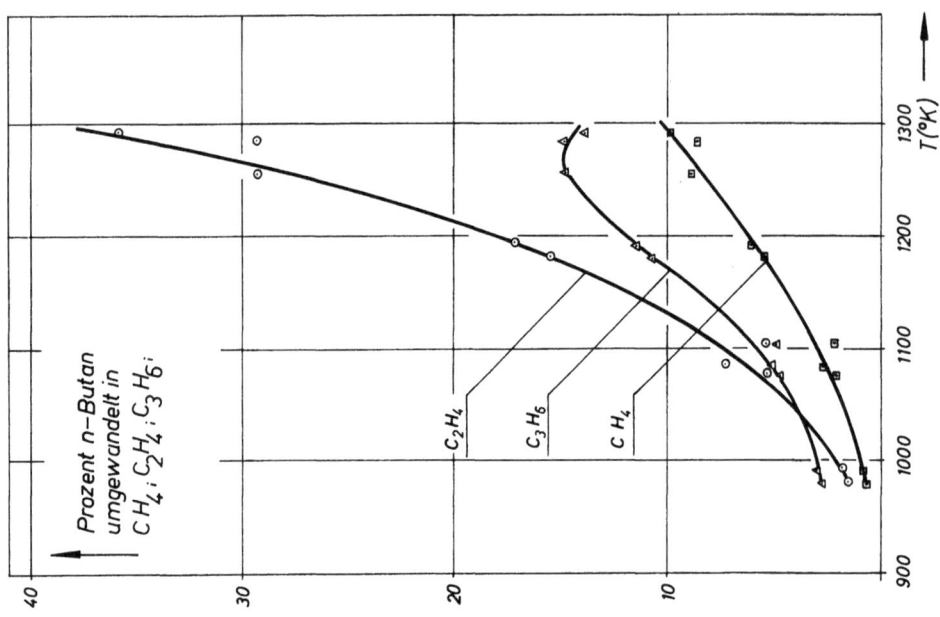

Abb. 5.6 Prozentualer Anteil des in die Hauptprodukte umgewandelten n-Butans als Funktion der Temperatur (Bedingungen vgl. Abb. 5.5)

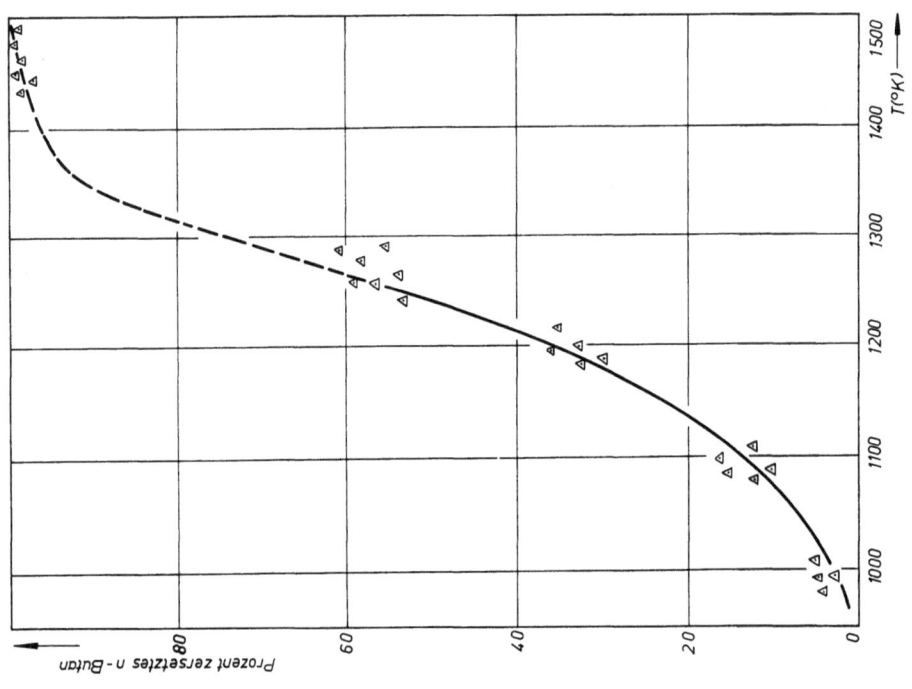

Abb. 5.5 n-Butan-Zersetzung als Funktion der Reaktionstemperatur
Gesamtdruck: 10–12 kp/cm², Argon/n-Butan-Mischung
n-Butan-Anteil: 5,7%

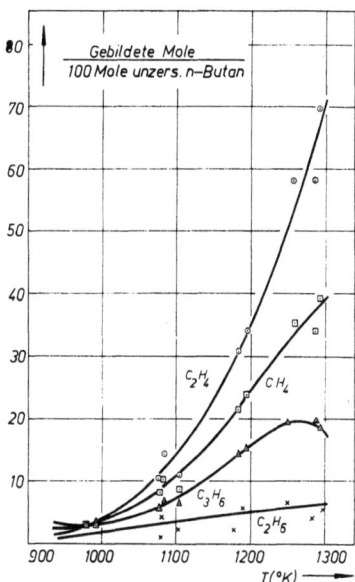

Abb. 5.7 Produktverteilung bei der thermischen Zersetzung von *n*-Butan (Bedingungen vgl. Abb. 5.5)

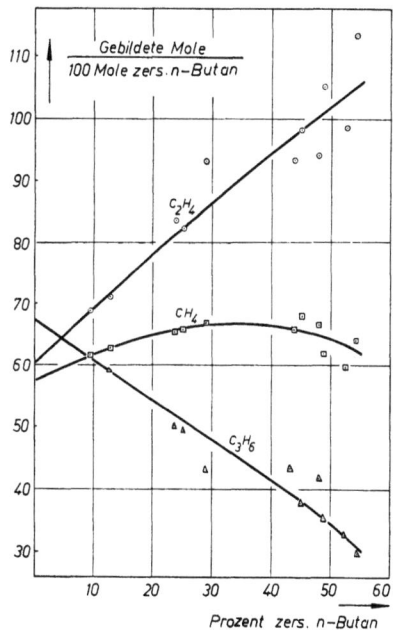

Abb. 5.8 Ausbeute bzw. Produktverteilung bei der thermischen Zersetzung von *n*-Butan
Temperaturbereich: 1100° K bis 1200° K

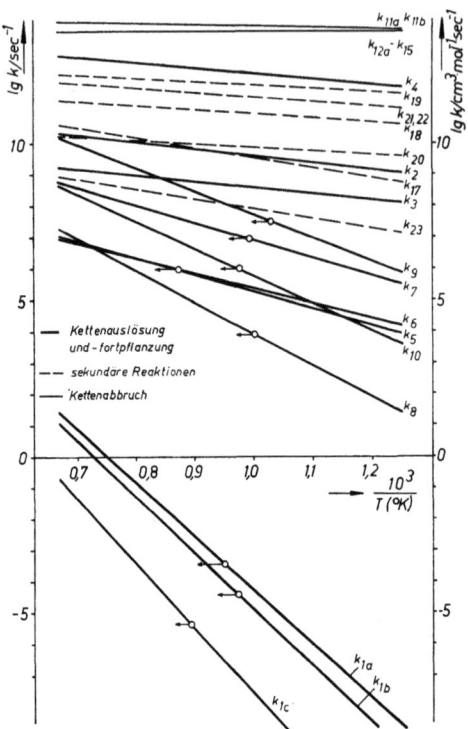

Abb. 5.9 Geschwindigkeitskonstanten der Elementarreaktionen im Reaktionsschema der n-Butan-Zersetzung

Forschungsberichte des Landes Nordrhein-Westfalen

Herausgegeben im Auftrage des Ministerpräsidenten Heinz Kühn
von Staatssekretär Professor Dr. h. c. Dr. E. h. Leo Brandt

Sachgruppenverzeichnis

Acetylen · Schweißtechnik
Acetylene · Welding gracitice
Acétylène · Technique du soudage
Acetileno · Técnica de la soldadura
Ацетилен и техника сварки

Arbeitswissenschaft
Labor science
Science du travail
Trabajo científico
Вопросы трудового процесса

Bau · Steine · Erden
Constructure · Construction material ·
Soil research
Construction · Matériaux de construction ·
Recherche souterraine
La construcción · Materiales de construcción ·
Reconocimiento del suelo
Строительство и строительные материалы

Bergbau
Mining
Exploitation des mines
Minería
Горное дело

Biologie
Biology
Biologie
Biologia
Биология

Chemie
Chemistry
Chimie
Quimica
Химия

Druck · Farbe · Papier · Photographie
Printing · Color · Paper · Photography
Imprimerie · Couleur · Papier · Photographie
Artes gráficas · Color · Papel · Fotografía
Типография · Краски · Бумага · Фотография

Eisenverarbeitende Industrie
Metal working industry
Industrie du fer
Industria del hierro
Металлообрабатывающая промышленность

Elektrotechnik · Optik
Electrotechnology · Optics
Electrotechnique · Optique
Electrotécnica · Optica
Электротехника и оптика

Energiewirtschaft
Power economy
Energie
Energía
Энергетическое хозяйство

Fahrzeugbau · Gasmotoren
Vehicle construction · Engines
Construction de véhicules · Moteurs
Construcción de vehículos · Motores
Производство транспортных · Средств

Fertigung
Fabrication
Fabrication
Fabricación
Производство

Funktechnik · Astronomie
Radio engineering · Astronomy
Radiotechnique Astronomie
Radiotécnica · Astronomía
Радиотехника и астрономия

Gaswirtschaft
Gas economy
Gaz
Gas
Газовое хозяйство

Holzbearbeitung
Wood working
Travail du bois
Trabajo de la madera
Деревообработка

Hüttenwesen · Werkstoffkunde
Metallurgy · Materials research
Métallurgie · Materiaux
Metalurgia · Materiales
Металлургия и материаловедение

Kunststoffe
Plastics
Plastiques
Plásticos
Пластмассы

Luftfahrt · Flugwissenschaft
Aeronautics · Aviation
Aéronautique · Aviation
Aeronáutica · Aviación
Авиация

Luftreinhaltung
Air-cleaning
Purification de l'air
Purificación del aire
Очищение воздуха

Maschinenbau
Machinery
Construction mécanique
Construcción de máquinas
Машиностроительство

Mathematik
Mathematics
Mathématiques
Mathemáticas
Математика

Medizin · Pharmakologie
Medicine · Pharmacology
Médecine · Pharmacologie
Medicina · Farmacología
Медицина и фармакология

NE-Metalle
Non-ferrous metal
Metal non ferreux
Metal no ferroso
Цветные металлы

Physik
Physics
Physique
Física
Физика

Rationalisierung
Rationalizing
Rationalisation
Racionalización
Рационализация

Schall · Ultraschall
Sound · Ultrasonics
Son · Ultra-son
Sonido · Ultrasónico
Звук и ультразвук

Schiffahrt
Navigation
Navigation
Navegación
Судоходство

Textilforschung
Textile research
Textiles
Textil
Вопросы текстильной промышленности

Turbinen
Turbines
Turbines
Turbinas
Турбины

Verkehr
Traffic
Trafic
Tráfico
Транспорт

Wirtschaftswissenschaften
Political economy
Économie politique
Ciencias económicas
Экономические науки

Einzelverzeichnis der Sachgruppen bitte anfordern

Westdeutscher Verlag · Köln und Opladen
567 Opladen/Rhld., Ophovener Straße 1–3, Postfach 1620

MIX
Papier aus verantwortungsvollen Quellen
Paper from responsible sources
FSC® C105338

If you have any concerns about our products,
you can contact us on
ProductSafety@springernature.com

In case Publisher is established outside the EU,
the EU authorized representative is:
**Springer Nature Customer Service Center GmbH
Europaplatz 3, 69115 Heidelberg, Germany**

Printed by Libri Plureos GmbH
in Hamburg, Germany